すごい分子

世界は六角形でできている

佐藤健太郎　著

ブルーバックス

●カバー装幀／芦澤泰偉・児崎雅淑
●カバーイラスト／平尾直子
●目次・章扉デザイン／芦澤事務所・児崎雅淑

まえがき

余暇が産んだ文明

現代を生きる我々は、たくさんの便利な品物に囲まれています。品物だけでなく、胸を打つ音楽や、読み始めたら時間を忘れるほど面白い小説やマンガ、手に汗を握って応援してしまうスポーツなども、我々の身の回りに溢れています。世の中には何百万、何千万の生物がいますが、このような素晴らしく多様な文化を築いている種は、どうやら人類だけのようです。なぜ人類だけが、このように優れた文化を持ち得たのでしょうか？

人類が高い知能や器用な手を持っていることが、最大の要因であることはもちろんです。しかしただそれだけでは、これほどの文化や製品は誕生しなかったことでしょう。人類が急速に文明を発展させたのはこの数千年のことですが、数千年前に人類に何かがあって、突然頭がよくなったり手先が器用になったりしたわけではないようです。

筆者が思うに、人類がさまざまなものを生み出せるようになったのは、「余裕ができた」からではないでしょうか。レオナルド・ダ＝ヴィンチやトーマス・エジソンやクリスティアーノ・ロナウドが、もし食うや食わずの生活をしていたらどうでしょうか？　今夜の食べ物を確保するのに精一杯で、素晴らしい作品やプレーを人々に見せることはなかったでしょう。彼らがじっくりと考え、しっかりトレーニングを行なうだけの時間的、経済的余裕があったからこそ、我々は彼らの生み出したものを味わうことができます。人類が、明日の食事や身の安全の心配をせねばならないような状況を脱したからこそ、進歩は生まれたのだと思います。

もちろん、いくら余裕が大事といっても、ただヒマを持て余した人間がいるだけで、新しいよいものが生まれるわけではないのも当然です。優れたものが作り出されるためには、さまざまな意味で余裕を持った人が集まり、互いに協力して働く必要があります。音楽家や画家も、ファンや支援者の支えなくして、よい作品を作り出し続けることはできません。

「余り物」の六角形

化学の本である本書の冒頭で、なぜこんな話をするのでしょうか？　実は、右に書いたことは全て分子の世界にも当てはまることだからです。分子も、余裕のない状態でできることには限界があります。「余り物」が寄り集まってハーモニーを奏でることで、それまでになかった素晴らしい機能の数々が出現するのです。

「余り物」とは何のことかといえば、電子のことです。世の中のものは、全て原子と原子がくっつき合ってでき上がっています。この原子と原子を引き寄せているものこそ、電子なのです。たとえば、世の中で最もありふれた結合である炭素と水素の結合は、炭素原子と水素原子がひとつずつ電子を出し合い、ペアを作らせることで成り立っています。

2つの原子が結びつくには、電子のペアがひとつあれば十分です。この基本的な結びつき方を「単結合」といいます。ところが、場合によってひとつの結合に対して2組のペアが関わることがあります。これが、「二重結合」と呼ばれるものです。原子同士を結びつけるという観点からいえば、この2つめの電子対は別になくともよい、遊んでいる電子対です。

この遊んでいる電子対が集まると、不思議なことが起こります。3本の二重結合、すなわち3組の電子対が環を作ると、とても安定で変形しにくい、正六角形の構造が出来上がるのです。これが本書の主役である、「芳香環」です。よく有機化学の代名詞として「亀の甲」という言葉が使われますが、その正体がこの芳香環なのです。芳香環を持った化合物は、まとめて「芳香族化合物」と呼ばれます。

芳香族という名前は、芳香環を持った化合物によい香りを持ったものが多く知られていたため、この名がつけられました。バニ

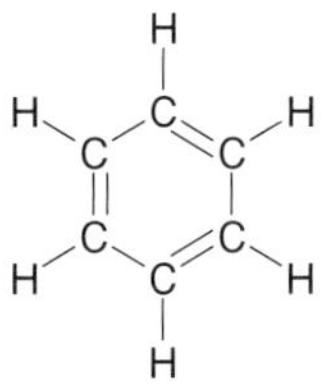

芳香族化合物の代表・ベンゼン

ラの香り成分であるバニリン、シナモンの香り成分であるシンナムアルデヒドなどがその例です。ただし、病院の消毒剤であるクレゾール、防虫剤として用いられるナフタレンなど、あまりいいにおいとはいえないものも多くありますが。

芳香族の「団結力」

芳香族化合物は、単結合主体でできた他の化合物と比べて、何がどう違うのでしょうか? 重要な点のひとつは、芳香環が硬い板のように変形しにくいことです。分子の世界では、他の分子と引き寄せ合ったりはじき合ったりといった、分子同士のコミュニケーションがとても重要になります。自分の意見をしっかり持った人が自然とリーダーシップをとるように、かっちりと形の決まった芳香族化合物は、分子同士の会話の中でもしばしば主役を演じるのです。

また、分子は目に見えない——どころか普通の光学顕微鏡でも見えないほど小さな存在ですから、単独ではなかなか力を発揮できず、多数が集結することが必要です。芳香族化合物は、その「余り物」の電子によって互いを引きつけ合う性質がありますから、統制の取れた集団となりやすいのです。

たとえば、我々のDNAは、アデニン、チミン、グアニン、シトシンという4種類の核酸塩基が対を作りながら、二重らせん構造をなしています。実はこの4種の核酸塩基も、ちょっと特殊ではありますが芳香環の一種であり、互いに引きつけ合う力を持ちます。この力によって核酸塩基が積み重なったものが、二重らせん構造の「背骨」となっています。芳香環独特の性質なくして、あの美しい二重らせんは成り立ちません。

その他、生命のはたらきを支える最重要分子であるタンパク質も、光合成を行なってあらゆる生き物にエネルギーを供給する葉緑素も、芳香環の性質なくしてその機能を発揮することはできません。芳香環の六角形は、生命を支える存在でもあるのです。

芳香族の「展開力」

こうした自然界の分子でも芳香環は活躍していますが、人工的に作り出された芳香族化合物にも素晴らしいものがたくさんあります。ペットボトルや発泡スチロールなどの身近なプラスチック製品も、薬箱に入っている医薬品も、テレビやスマートフォンの画面に使われる液晶も、みな芳香環なくしては成立しません。

かくも多彩な芳香族化合物が広く使われている理由のひとつに、その「作りやすさ」があります。いくら優れた機能を持った化合物でも、量産が難しかったり、作るのにコストがかかり過ぎたりするなら、なかなか広く実用化はされません。その点芳香族化合物は、多彩な構造の化合物を、低コストで作り出す手法がたくさん存在します。安く速くたくさん作れる――これもまた、芳香族化合物の立派な特徴です。そして現在でも、芳香族化合物を作り出す方法の研究は、化学分野で最も盛んなジャンルのひとつです。

たとえば、芳香環同士をつなぎ合わせることは、昔は極めて難しいこととされていました。しかし１９７０年代、根岸英一博士や鈴木章博士らは、パラジウムという元素をほんの少し使うことで、この反応を中学生でも実験可能なほど易しいものに変えてしまいました。ここで開発された「クロスカップリング反応」は、各種の医薬品や農薬の合成に応用され、我々の暮らしを支えています。この功績により、両博士は２０１０年度のノーベル化学賞を受賞しました。言い換えれば、芳香族化合物の効率よい作り方は、世界最高の栄誉に値するほどに、人類にとって重要なことなのです。

さらに近年では、芳香族化合物の性質を利用して、たとえば電圧をかけるとさまざまな色に輝く「有機ＥＬ」や、半導体やトランジスタなどとして機能する化合物なども創り出されています。また、純粋な炭素から成る未来材料として注目を集めているフラーレン、カーボンナノチューブ、グラフェンといった物質群に至っては、芳香環の集合体そのものです。

こうした種類の化合物は、自然界には全く存在しなかったものです。「神様の作り忘れた化合物」を代わって創り出すのが化学者の仕事であり、これらを理解し活用するためには、芳香環の性質を知ることが第一歩になります。

芳香環の化学は現在進行形で進んでおり、驚くような応用も次々生まれつつあります。では、美しくも有用、シンプルにして奥の深い、芳香族化合物の世界へみなさまをご案内しましょう。

二〇一八年　一二月　著者

第11章

光り輝く芳香族分子

COLUMN

第1章

自然が生み出した「レゴブロック」

芳香族化合物いろいろ

芳香族化合物は、有機化学分野の主役ともいえる化合物群です。その有機化学とは何かというと、炭素原子を中心とした化学分野を指します。そして炭素原子を含む化合物は、有機化合物と呼ばれます（二酸化炭素、シアン化物など一部の簡単な化合物を除く）。

しかし、100以上もある他の元素たち、たとえば硫黄やナトリウムや金の化合物には、これといって特別な名前はなく、その研究が大きな一分野を作っているということもありません。なぜ炭素だけが特別扱いされ、独立したジャンルを築いているのでしょうか。

炭素は優秀なブロック

子供の頃、レゴブロックで遊んだ記憶が誰にもあると思います。しかしいざ買おうと思うと、他の似たようなブロック玩具に比べて、レゴはずいぶん高いなという気がしてしまいます。しかし、これは単にブランドに寄りかかった値段設定ではありません。レゴブロックは、劣化や歪みの少ない樹脂が使われており、しかも非常に高い精度で作られています。このため、自由に取り外しができるのに、たくさんつないでも丈夫で壊れにくく、数十万個を使った作品さえ作られているほどです。安いブロック玩具では、せいぜい数十個程度をつなぐと崩れてしまいますから、その差は歴然です。

炭素原子は、いってみればこのレゴブロックのような存在です。原子と原子が結びつき合って分子ができる時、他の多くの原子では数個つながるのが限度ですが、炭素同士の結合は何万個つながっても平気なほど頑丈なのです。

たとえば酸素原子（O）は、負の電荷を帯びているためお互い反発しあい、-O-O-O-……というように長くつながることができません。酸素が2つつながるともう不安定になり、3つつながった物質はほとんど知られていません。ところが、電気的に中性である炭素同士はいくらでも長くつながり合い、安定な物質を作ることが可能です。

炭素の相棒たち

炭素は水素、酸素、窒素など、多くの元素との間にも安定な結合を作ります。水素は炭素のよき相棒であり、ほとんどの有機化合物に含まれます。炭素と水素だけでできた化合物を「炭化水素」と呼び、本書の主役であるベンゼンもそのひとつです。その他、都市ガスの主成分であるメタン（CH_4）、ガソリンの成分であるオクタン（C_8H_{18}）、レモンなどの香り成分であるリモネン（$C_{10}H_{16}$）、最も身近なプラスチックであるポリエチレンなどなど、さまざまな物質がこのカテゴリーに含まれます。このように、炭素と水素だけでも、膨大な化合物を作り出すことが可能です。

ただしこれらは、中性の炭素だけを基礎に出来上がっていますので、いわば電子的に「平板な」化合物です。石油の主成分が炭化水素類であることからわかる通り、炭化水素はいずれも「油っぽい」化合物群であり、バリエーションという意味ではさほど豊かではありません。

またこうした化合物は、一般に安定ではありますが、裏を返せば化学反応を起こしにくく、変化を受けにくいともいえます。これらを化学変化させようとすれば、数百度の高温をかけて炭素の鎖をばらばらにし、酸素と結びつけてしまう——要するに燃焼させるような方法になってしまいます。炭化水素を低温でゆっくりと反応させることも不可能ではありませんが、かなりの難事です。

しかし、そこに酸素や窒素が加わると、分子に電荷の偏りが生じます。具体的には、水に溶けやすくなったり、いろいろな化学反応を受け付けやすくなったりします。たとえば、酒の成分であるエタノール（C_2H_5OH）は、酸素原子があるおかげで、水によく溶けます。また、他の原子や原子団を取り付けたり、水素を奪ったり（酸化）といった反応が簡便に行なえます。

このような性質は、生物が生きていく上で欠かせません。このため、生体の重要な分子は、ほとんどが何らかの形で酸素や窒素を含んでいます。酸素と窒素は、分子に個性と反応性を与え、複雑な生命世界の土台を築いている元素だといえます。

また炭素は4本の結合の腕を持ちますが、これを生かして単結合、二重結合、三重結合という3通りの結合を作ることができますので、できる化合物はさらに多彩になります。このため、今まで知られているあらゆる化合物のうち、有機化合物はなんと約8割を占めます。炭素という元素はたったひとつで、他の全元素が束になってかかっても全く及ばないほど多くの化合物を作り出せるわけです。

分子の描き方

そして芳香環は、炭素が6つ集まって輪になった形です。環を作る6本の結合のうち、3本が単結合、もう3本が二重結合で、両者が交互に現れるよう書き表されます（実際にはちょっと事情が複雑なのですが、詳しくは後ほど解説します）。

というわけで、最も簡単な芳香族化合物であるベンゼンは、次のように描き表されます。炭素が6個で環を作り、その炭素それぞれに水素がひとつずつ結合した構造です。

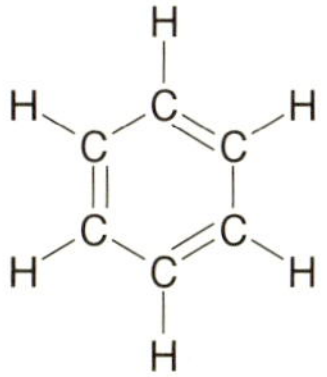

ベンゼン

しかし、この描き方は少々煩雑です。そこで、外側に結合した水素は省き、炭素の「C」の字も略して、線だけで構造を描くやり方が一般に採用されています。

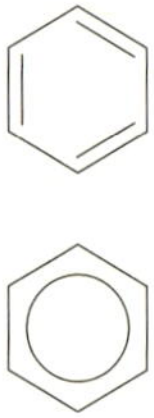

ベンゼン環の構造式は図のようになります。慣れればこちらの方がずっと見やすく、複雑な構造もわかりやすくなります。

なおベンゼンの構造式には、図右上のように正六角形内部に二重結合3本を引くスタイルと、右下のように正六角形の中に円を描くという2つのスタイルがあります。この意味は後述しますが、どちらも同じ構造を表しています。

一昔前の病院は、つんと鼻を突く消毒薬のにおいが満ちていたものでした。あのにおいはクレゾールという化合物によるもので、ベンゼン環にメチル基（炭素1つと水素3つからなるグループ）と、ヒドロキシ基（水素と酸素それぞれ1つずつのグループ）が結合した構造です。これを先ほどの方式で描き表すと、次のようになります。

クレゾール

以下、この描き方で、いろいろな芳香族分子を紹介してゆきましょう。

溶剤となるトルエン、キシレン

ベンゼン環にひとつだけメチル基（炭素1つ、水素3つからなるグループ）がついたものはトルエン、2つついたものはキシレンといいます。いずれも少し甘い香りのある液体で、有機物をよく溶かすために溶剤として用いられます。シンナーの主成分ですので、たいていの方がかいだことのあるにおいでしょう。

トルエンはひとつだけですが、キシレンには3つの種類があります。2つのメチル基が隣り合っているもの、間が一つ空いて、120度の角度になっているもの、ベンゼン環をはさんで向かい側についているものの3種類です。これらを区別するため、それぞれ「オルト（o-）」「メタ（m-）」「パラ（p-）」という接頭語をつけて呼び分けます。この接頭語は、この後も出てきますので覚えておいてください。

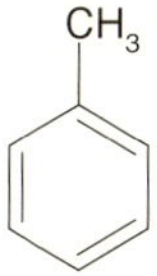

トルエン

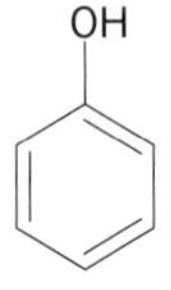

フェノール

工業原料となるフェノール

　ベンゼンの炭素と水素の間に、酸素がひとつ割り込んだ形の化合物をフェノールといいます。こうしたヒドロキシ基（-OHという原子団）を含んだ化合物はアルコール類と呼び、語尾に「-ol」をつけることになっています。

　フェノールはシンプルな構造ですが、歴史的にも工業的にも非常に重要な化合物です。石炭からコークスを製造する際の副産物である、コールタールから得られたため、当初は「石炭酸」の名前で呼ばれていました。しかしイギリスの医師ジョゼフ・リスターが、フェノールに殺菌作用があることを発見し、手術前の消毒に応用して大きな成果を収めます。毒性の問題などから、現在では医療の現場で使われることは減っていますが、医学の歴史を大きく動かした物質といえます。

　フェノールはプラスチックや医薬品などの原料ともなるため、国内で年間60万トンもの量が生産される重要物質ですが、製造法はちょっと面倒です。ベンゼンから直接作ることができればベストですが、これは一見単純に見えてとても難しい反応です。ベンゼンに酸素を取り付ける（酸化反応）こと自体は簡単ですが、できたフェノールの方がベンゼンよりも酸化を受けやすいため、フェノールで止まってくれないのです。崖から岩を落として、斜面の途中で岩を止めろとい

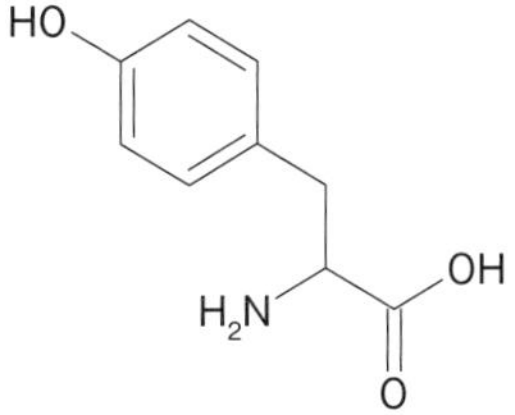

チロシン

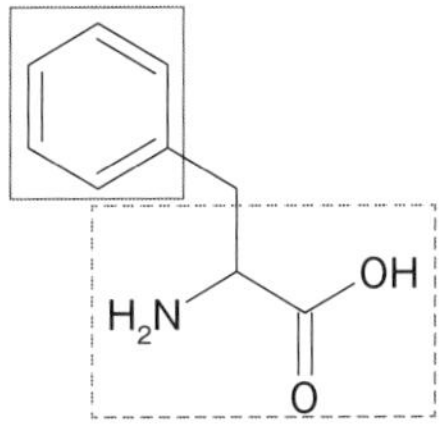

フェニルアラニン。実線枠内がフェニル基、点線枠内がアミノ酸の基本ユニット

うようなものであり、化学者にとって大きな未解決課題のひとつです。

必須アミノ酸・フェニルアラニン

タンパク質は、生命の複雑なシステムを支える、最も重要な化合物群です。タンパク質は、食べたものを消化分解したり、細胞同士のメッセージを伝えたり、筋肉や骨を作ったりといった多彩な機能を持ちますが、驚くべきことにこれらは基本的にわずか20種類のアミノ酸の組み合わせからできています。

その20種類のアミノ酸には、ベンゼン環を含むものが3つあります。たとえばフェニルアラニンは、上のようにアミノ酸の基本単位とベンゼン環が結合した作りです。「フェニル」というのは、ベンゼン環から水素をひとつ取り去った形の、C_6H_5－という原子団を指します。

このフェニルアラニンのパラ位に、ヒドロキシ基がついた形のアミノ酸を、チロシンといいます。最初にチーズから見つかったため、ギリシャ語の「チーズ」を意味する言葉から名付けられました。

タンパク質は、各種の小さな分子や、他のタンパク質と弱く結びつくことで機能を発揮するものが少なくありません。フェニルアラニンやチロシンは、こうした結びつきを支える重要なアミノ酸です。

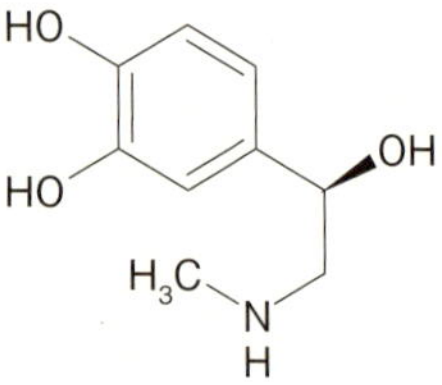

アドレナリン

フェニルアラニンやチロシンは、単なるタンパク質の部品というだけではありません。各種生体物質の原料ともなります。たとえば、体を興奮させるアドレナリン、意欲や快楽に関わるドーパミンなど、各種の脳内伝達物質がフェニルアラニンやチロシンから作り出されます。これらは、ベンゼン環－C－C－Nという共通構造を持ちます。

さらに、これら重要な体内物質の構造を少し変えてやると、体に対する作用も変化します。こうした手法によって、高血圧や各種精神疾患などの治療薬が創り出されています。いずれも、ベンゼン環は不可欠の役割を果たしています。

史上最大の医薬品アスピリン

ベンゼン環に、アセトキシ基とカルボキシ基という2つのグループが結合した化合物です。医薬品としては極めてシンプルな構造ですが、消炎鎮痛剤として極めて確かな威力を発揮します。1899年の発売以来、100年以上にわたってベストセラーの座に君臨してきました。現在でも、1年間に消費されるアスピリンを全て一列に並べると、なんと地球から月を1往復半するという、ちょっと信じられないほどの売上を誇ります。

アスピリンがなぜ痛みを鎮めるのかわかったのは、実は発売から70年以上も経ってからです。アスピリンは人体に入ると、シクロオキシゲナーゼと呼ばれる酵素に入り込み、炎症や痛みを媒介するプロスタグランジンという物質の生成を抑えてしまうのです。これと同じように、医薬品となる化合物の多くは、体内の病気に関連するタンパク質に結合し、そのはたらきをコントロールすることで、症状を鎮めます。

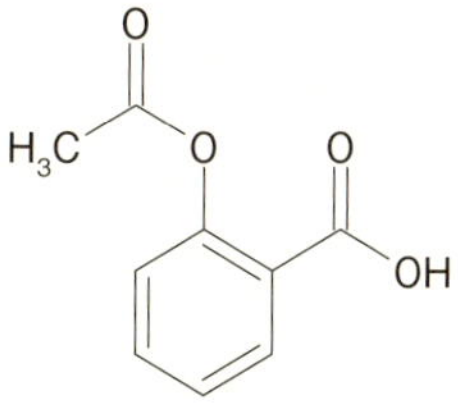

アスピリン

この他にも、芳香環を含む医薬品はたくさんある――というより、芳香環を含まないものを挙げる方が大変なほどです。形がしっかり決まっていて、他の分子と引きつけ合いやすい芳香族化合物は、タンパク質と結合するという医薬分子の目的にうってつけなのです。

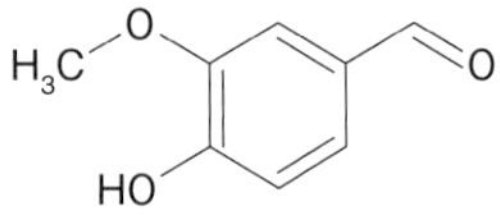

バニリン

バニラの甘い香り・バニリン

「芳香族」という名称は、芳香を持った化合物が多いことから名付けられたと述べました。その代表が、このバニリンでしょう。その名の通り、バニラの甘い香りの元となる化合物です。バニラ豆を発酵させることで得られますが、生産量が少なく高価につくため、近年では化学合成によるものがほとんどになっています。もちろん、バニラ豆から得られるバニリンも、フラスコの中で作られるバニリンも全く同じものであり、香りも体への影響も変わりありません。

料理に用いられる香辛料や、化粧品などに使われる香料の中には、こうした芳香環を含むものが少なくありません。胡椒の辛味成分であるピペリン、唐辛子の辛味成分カプサイシン、シナモンの香りのシンナムアルデヒド、サクラの葉の香りのクマリンなどが代表的なものです。また、芳香環をベースとして、人工的に作られた香料も数多く存在します。

ポリエチレンテレフタレート（PET）

何万もの原子からできた長い鎖のような巨大分子——高分子の世界でも、芳香環は存在感を放っています。ポリエチレンテレフタレートは中でも身近なものでしょう。ペットボトルの「ペッ

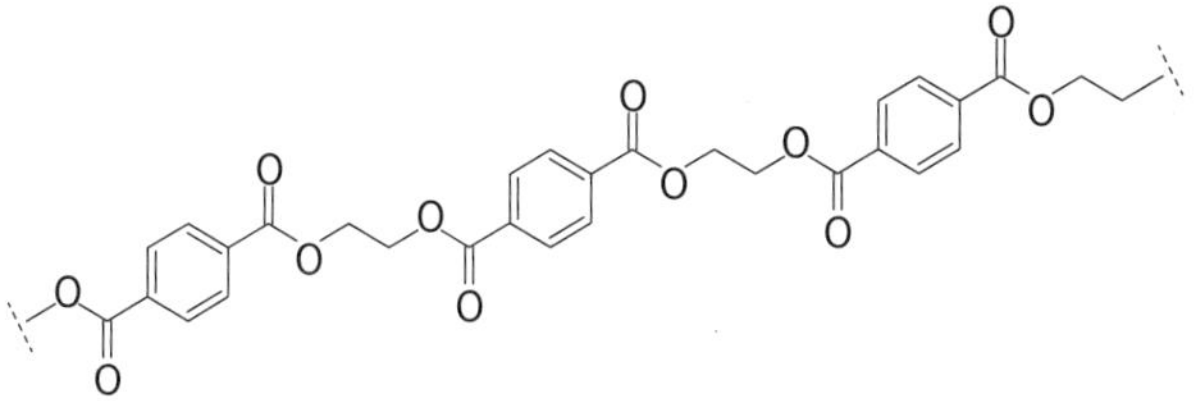

ポリエチレンテレフタレート

ト」は、ポリエチレンテレフタレートの略称「ＰＥＴ」から来ています。

ＰＥＴは透明で割れにくいプラスチックの他、糸状に伸ばして衣服などにも広く用いられます。軽くて丈夫でしわになりにくく、乾きやすいという優れた特徴を併せ持つ、有用な合成繊維です。

ＰＥＴは図にある通り、硬いベンゼン環が比較的動きやすい$-CO-O-CH_2-CH_2-O-CO-$という鎖でつながれた構造をとります。丈夫でありながら、しなやかに変形も可能というＰＥＴの性質は、この構造に由来するものです。

第2章

解き明かされた芳香族性の謎

有機化学の偉人ケクレの大発見

分子の姿を探る

芳香族化合物の活躍ぶりを前章で見ていただきました。ご覧頂いた通り、現代の化学者はまるで見てきたかのように、芳香族化合物を亀の甲型に描き表しています。しかしこの構造が解き明かされ、多くの人に受け入れられるまでには、非常に長い年月がかかっています。この章では、芳香族化合物の謎解きの歴史を追ってみましょう。

19世紀初めごろから、炭素を中心とする化合物を扱う「有機化学」という学問分野が立ち上がりました。初期の有機化学者は、動物や植物からひとつの化合物のみを純粋に取り出し、分子式を決めていくことが主な仕事でした。といっても当時は、詳しい構造どころか分子という概念すら確立しておらず、$C_6H_{12}O_6$といったように元素の構成割合を決めるのがやっとでした。

19世紀半ば頃になると「原子価」の考えが登場してきて、分子の構造式が描かれるようになります。そして1858年には、炭素の原子価が「4」である——すなわち、炭素は最高で4つの原子とつながれるということが示されました。この説を唱えた一人が、ドイツの有機化学者アウグスト・ケクレです。

たとえば、都市ガスの成分であるメタンは、炭素に水素が4つ結びついたCH_4という分子です。またエタンは、炭素2つが結びつき、余った結合の腕6本に水素が結びついた、C_2H_6という分子であることがわかりました。

　しかし、炭素は腕4本という原則には、あてはまらない化合物も見つかっていました。たとえばエチレンはC_2H_4、アセチレンはC_2H_2という分子式を持ちます。そこで持ち出されたのが、二重結合・三重結合という考え方でした。炭素同士が2本ずつ、あるいは3本ずつの腕でつながっていると考えれば、これらの化合物もつじつまが合うというわけです。

　といってもこの時代は、まだ原子や分子の考え方さえ完全には確立していなかったころですから、今とは全く違った分子の姿が想像されていました。たとえばケクレが当初考えていたモデルでは、炭素は4つの丸がつながった数珠のような形、水素は丸ひとつで表されていました。現代の我々からすれば奇妙な図に見えてしまいますが、目で見ることも手にとることもできない原子・分子の世界の解明は、こうした手探りによるしかありませんでした。

　さて、二重結合・三重結合は、

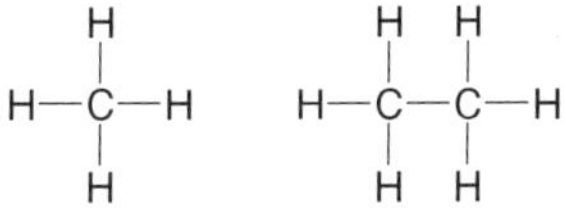

メタン（左）とエタン（右）

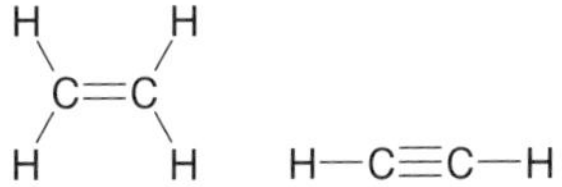

エチレン（左）とアセチレン（右）

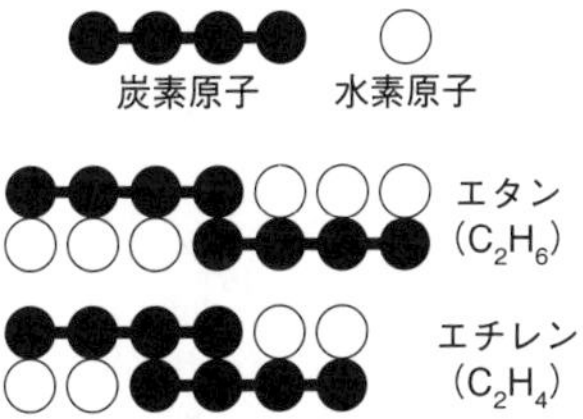

ケクレが当初考えていた分子モデル

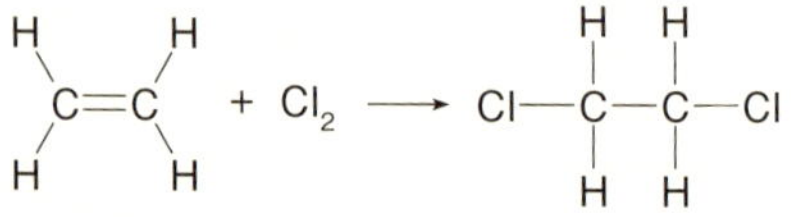

エチレン（左）に対する塩素の付加反応

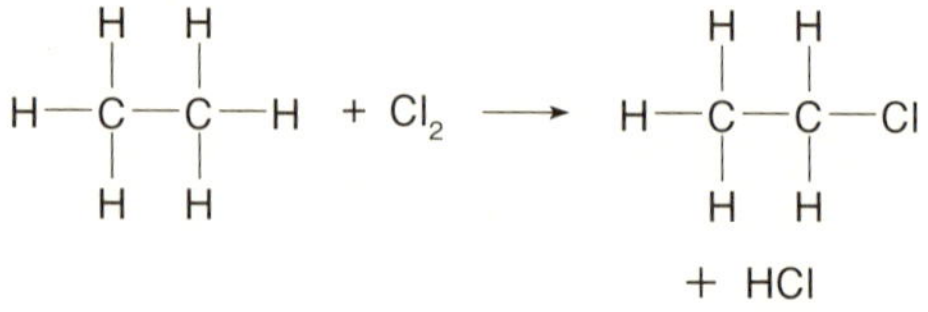

エタンの置換反応

別名を「不飽和結合」といいます。その意味するところは、単結合と異なり「まだお腹一杯になっていない結合」という意味合いです。たとえば塩素（Cl_2）のような反応性の高い物質をエチレンに作用させると、塩素はエチレンに結合して1，2-ジクロロエタン（$C_2H_4Cl_2$）に変化します。これを専門用語では「付加反応」といいます。

　しかし、エタンに対して塩素を作用させてもこのような反応は起こりません。エタンの場合は炭素原子の結合の腕が全て別の原子との結合に使われていますので、これ以上塩素が結合する余地はないのです。ただし、高い温度をかけて光を照射するなど、反応条件を強くしていくと、エタンの炭素-水素の単結合がちぎれて塩素に置き換わるという反応は起こります。これは「置換反応」と呼ばれます。こうした反応性は、飽和結合（単結合）と不飽和結合の大きな違いです。

6炭素の「核」

こうしてさまざまな化合物の分子式が決まっていく中、化学者たちの目を引く一群の化合物がありました。ウイキョウの香り成分アネトール（$C_{10}H_{12}O$）、シナモンの香り成分シンナムアルデヒド（C_9H_8O）、バニラの香り成分バニリン（$C_8H_8O_3$）といった化合物がそれです。これらが、その香りから「芳香族」と呼ばれるようになったのは、前述した通りです。

芳香族化合物は、よい香りを持っているという共通点の他、水素原子の数に対して炭素原子の数の割合が高い（全般に1：1に近い）という特徴がありました。酢酸が$C_2H_4O_2$、砂糖が$C_{12}H_{22}O_{11}$といったように、炭素より水素の数が多い物質がほとんどである中、芳香族化合物の炭素含有率の高さは際立っていました。

芳香族化合物は、どうやら共通の部分構造を持っていると思われました。さまざまな実験から、これらは炭素原子6つからなる「核」を持っていると考えられたのです。

こうした中、マイケル・ファラデーは1825年に鯨油の熱分解によって新たな化合物を得て、分子式を$C_{12}H_6$と報告しました。一方、アイルハルト・ミッチェルリッヒは、1834年に安息香酸（英名benzoic acid、安息香という香料の成分）の分解によって得られた透明な液体を、「ベンジン」（benzin）と名付けています。やがてこの両者は同じ化合物であること、分子式はC_6H_6であることが判明し、名称は「ベンゼン」へ改められました（なお、現在燃料などとして販売されているベンジンは、ベンゼンとは別物です）。そして、このベンゼンこそが、芳香族化合物の最も基本的なものであることがわかってきたのです。

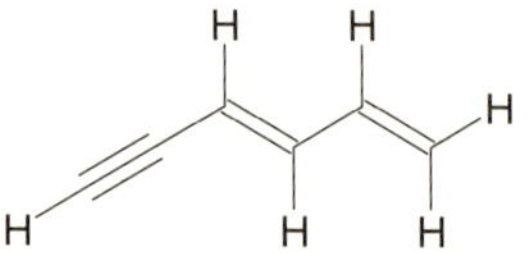

C_6H_6分子の想定される構造のひとつ

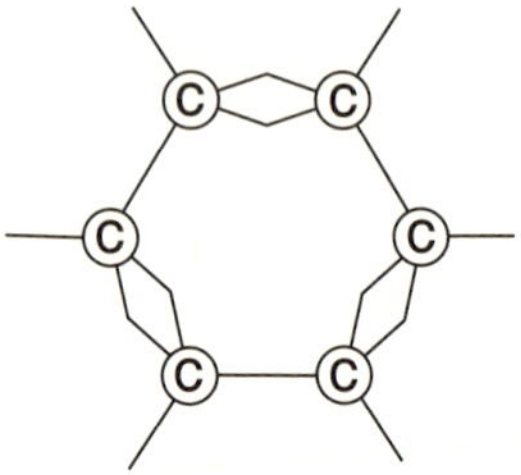

ケクレが1866年の論文に発表したベンゼンの構造

さてここで問題になったのが、ベンゼンの性質です。C_6H_6という分子式である以上、ベンゼンは多くの不飽和結合を含んでいなければならないはずです。ところがベンゼンはとても安定であり、塩素を作用させても付加反応を起こしません。そして条件を強くすると、置換反応が起きてクロロベンゼン（C_6H_5Cl）が生成します。つまり、ベンゼンは多くの不飽和結合を持つはずなのに、エタンなどと同等の安定性という、奇妙な性質を持っているということになります。

もうひとつ不思議なことは、ベンゼンの水素をひとつ塩素に置き換えたクロロベンゼンが、1種類しかないことです。たとえばベンゼンの構造が右上の図のようであったら、6通りの

C_6H_5Clができるはずです。

この謎に敢然と挑んだのが、先に登場したケクレでした。1865年、彼はひとつの画期的なアイディアに思い至ります。「核」を構成する6つの炭素は、環を作っているのではないかという発想です。1866年の論文では、前ページ下図のような構造図が発表されています。

二重結合がひし形で表されていますが、ともかく6員環（環状に6つの原子が結合している）構造の、我々がよく描くベンゼン環に近い図がここに出来上がりました。外側に突き出た6本の棒の先には、水素がついているという意味です。この式ですと、クロロベンゼンが1種類しかないことをうまく説明できることから、ケクレの式は多くの化学者の支持を集めました。

アウグスト・ケクレ

「炭素6個が環になっている」というアイディアは、「正解」を知っている現代の我々から見ると全く当たり前で、なぜその程度のことに思い至るのに長い時間を要したのかという気がしてしまいます。しかし、分子どころか原子の概念さえしっかり固まっていなかった当時としては、原子が集まって環を作るというのは、非常に突飛な発想でした。化学者アウグスト・ヴィルヘルム・フォン・ホフマン

（「ホフマン脱離」「ホフマン分解」など多くの反応に名を残す）は、「ケクレのこの着想に対しては、私の全ての発見を捧げても構わないほどです」と述べ、環状構造というアイディアを絶賛しています。ケクレは、化学の道に入る前には建築学を学んだ経験があり、このことがベンゼンの六角形構造を考え出す助けになったと思われます。

残された謎

しかしこの式はもうひとつの謎、すなわち「なぜベンゼンは付加反応を受けにくく安定なのか」という疑問には答えてくれません。そしても

また、1861年にはオーストリアのヨハン・ロシュミットが、論文の中で下のようなベンゼンの「構造式」を用いています。ケクレは夢ではなく、これをヒントにしたのではないかとの見方もなされています。

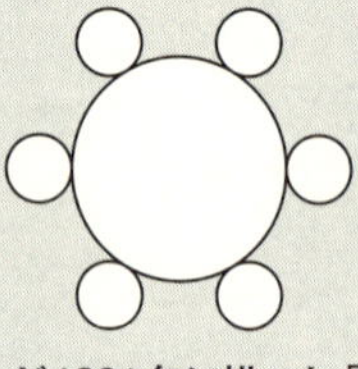

ロシュミットが1861年に描いた「ベンゼン」

とはいえ、後述のようにベンゼンの正六角形構造を推測し、その性質と結びつけたのはケクレの功績です。夢がヒントになったという話が本当かどうかは永遠の謎ですが、ケクレがベンゼン環の構造を初めて正しく推測し、有機化学に巨大な貢献をしたという評価は、今後も揺らぐことはないでしょう。

うひとつ説明がつかなかったのが、「異性体」の問題です。ベンゼン環の隣り合った2つの水素が塩素に置き換わった化合物（「オルトジクロロベンゼン」といいます）の構造を考えてみると、先のケクレの構造式からは2通りの化合物が考えられるはずです。このように、同じ分子式を持っているのに、構造が異なる化合物を異性体といいます。異性体は互いに別物の物質であり、何かしら性質の違いがあります。しかし実際には、オルトジクロロベンゼンはどう探してみても1種類しか存在しないのです。

こうしたベンゼンの謎は当時の化

COLUMN

ケクレは蛇の夢を見たか？

ケクレが環状構造を思いついたのは、夢の中でであったという有名な話があります。ある夜、彼が暖炉の前でうとうとしていた時、蛇が自分の尻尾を噛んでぐるぐる回る夢を見て、ベンゼンの環状構造を思いついたというものです。この話はセレンディピティのよい例として、多くの書籍で取り上げられてきました。

しかし、この逸話を疑問視する声もあります。この話が初めて出てきたのは1890年、ベンゼンの構造発表25周年を記念した「ベンゼン祭」における、ケクレ自身による講演録とされています。しかしこの時まで四半世紀もあったのに、それまで一度もケクレの口からこの話が出た形跡がないこと、また「ベンゼン祭」を報じた新聞にも、この夢に関する記述が全くないことなどから、ケクレが講演録を書く際に思いついて加えたエピソードなのでは、とする意見があるのです。

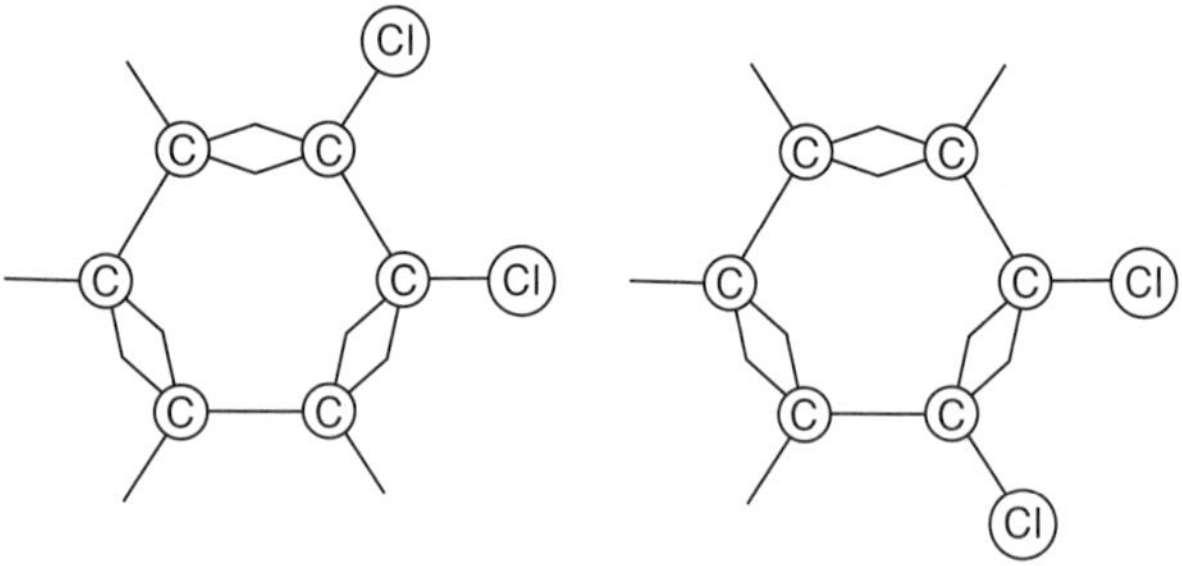

考えられるオルトジクロロベンゼンの２つの異性体

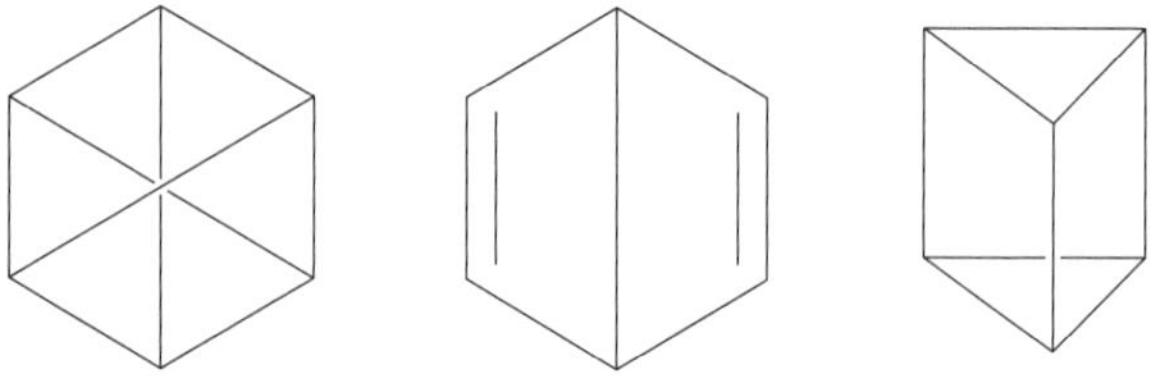

左から、クラウス、デュワー、ラーデンブルクの提案したベンゼンの構造
（なお、このうち「デュワーベンゼン」は1963年、「ラーデンブルクベンゼン」は1973年に実際に合成されましたが、いずれも不安定であり、徐々にベンゼンへ変化していくことがわかっています。クラウスベンゼンはあまりに無理のある構造なので、今に至るまで合成は実現していません）

学者の興味を引き、さまざまな構造が提案されています。たとえばアドルフ・クラウスは正六角形の対角線同士を結んだ形、ジェームス・デュワーは「日」の字に似た形、アルベルト・ラーデンブルクは三角柱型の構造式を発表しています。しかしこれらも、ベンゼンの性質を十分に説明することはできません。

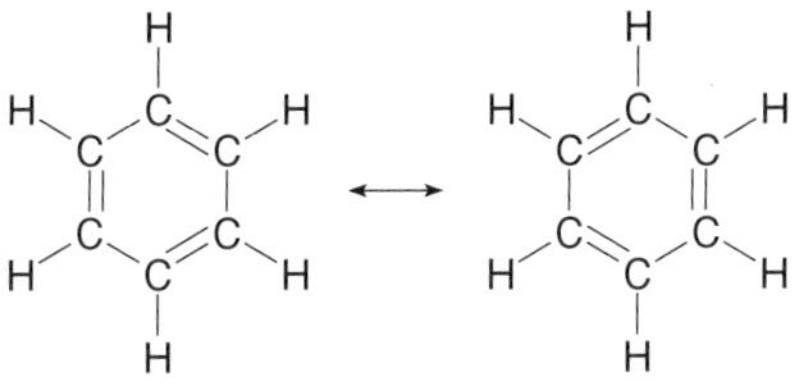

単結合と二重結合の入れ替わり

１８７２年、この問題にけりをつけたのはやはりケクレでした。彼はここで、ベンゼンを平面の六角形として描きました。そして、ベンゼンに含まれる単結合と二重結合は互いに素早く入れ替わっており、このため単純な二重結合としての性質を示さないと考えたのです。これによれば、オルトジクロロベンゼンが1種類しかないこともうまく説明できます。

とはいえ、これが最初から広く受け入れられたわけではありません。たとえば同時代の化学者であるヘルマン・コルベは、「ケクレの論文は明瞭さと正確さに非常に欠けている」「ケクレほど、正確な化学研究や若い化学者たちに悪影響を与えているものはいない」とまで述べ、ケクレの理論を激しく攻撃しています。ケクレもこれにはさすがに反論を送っていますが、彼自身もこの構造が推論に過ぎないことをよく承知していました。ケクレは、正六角形構造が実験的に実証されるまで、これ以上の推論を行なうことは危険と考え、１８８８年までに40報もの芳香族化合物に関する論文を書いたにもかかわらず、正六角形構造をほとんど用いていませ

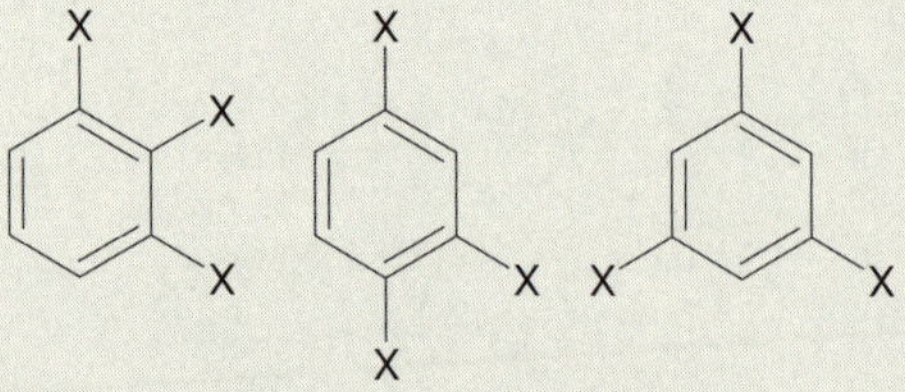

三置換ベンゼンの３種の異性体

そこで、置換位置を数字で表し、カンマで区切って表記する方法が採用されています。番号は１から順にぐるりと回るように、できるだけ番号が小さくなるように振っていきます。下の図の化合物は「1, 2, 4-トリクロロベンゼン」であり、「1, 3, 4-……」や「1, 2, 5-……」ではありません。さらに細かい命名規則については、専門書をご覧下さい。

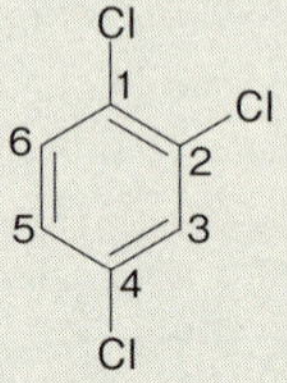

1, 2, 4-トリクロロベンゼン

ん。このあたりは、研究者としてのケクレの誠実さを表しているといえるでしょう。

ケクレの正しさが証明されたのは、その構造提案から半世紀以上も経った1929年のことです。結晶学者キャスリーン・ロンズデールが、X線結晶解

COLUMN

異性体の接頭語

ベンゼンは6つの水素が結合しており、これらは全て他の原子や原子団に置き換わることができます。こうした原子（団）を「置換基」と呼びます。複数の置換基が結合する場合、その位置関係によって異性体ができてきます。置換基が2つの場合は3通りの異性体が存在し、それぞれ「オルト」「メタ」「パラ」（記号は「o-」「m-」「p-」）という接頭語をつけて表記します。「オルト」は「まっすぐ」「直角」、「メタ」は「間の」、パラは「向こう側」を意味するギリシャ語からとられています。

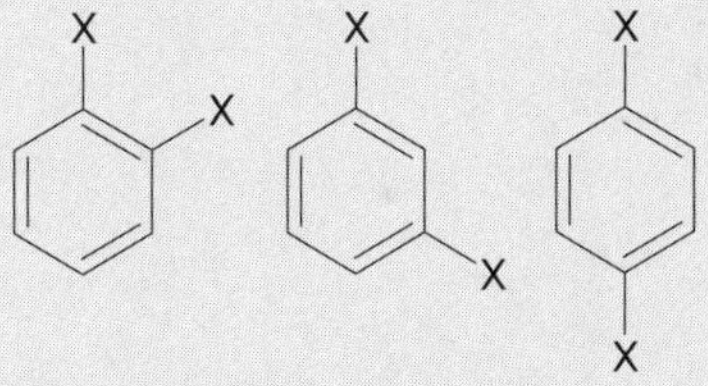

左からオルト、メタ、パラの二置換ベンゼン

ベンゼン環上に3つの同じ置換基が結合している場合は3通りの異性体がありえます。ただし、置換基の種類が複数になるとさらに異性体の種類が増えますし、接頭語による表記ではわかりづらくなります。

析という手法を用いて、ベンゼン環が六角形構造をとっていることを確かめたのです。こうして、ファラデーによる発見から一世紀以上を経て、ようやく大手を振ってベンゼンを「亀の甲」で描き表すことができるようになりました。

化学結合とは何か

さてこのように、原子と原子の結合についてさまざまに議論がされてきましたが、結局のところなぜ原子同士が結びついているのかは、この時代には全くわかっていませんでした。こうした中、1897年にジョゼフ・ジョン・トムソンによって電子が発見されます。やがて、原子と原子を結びつけているのは電子であることがわかり、電子の振る舞いを解き明かすことの重要性が判明してきました。そこで、原子同士の結合について、少し詳しく解説しておきましょう。

原子と原子の結合にはいくつかの形式がありますが、最も重要なのは「共有結合」と呼ばれるものです。2つの炭素原子がひとつずつ電子を提供して共有することにより、原子同士が結びつくのです。炭素を含んだ化合物、すなわち有機化合物の世界では、原子同士はほとんどこの共有結合で結びついています。

1916年、アメリカの物理学者ギルバート・ルイスは、電子を点で表すことで、共有結合を表現する方式を考案しました。メタンの場合、4つの価電子（共有結合に参加する電子）を持った炭

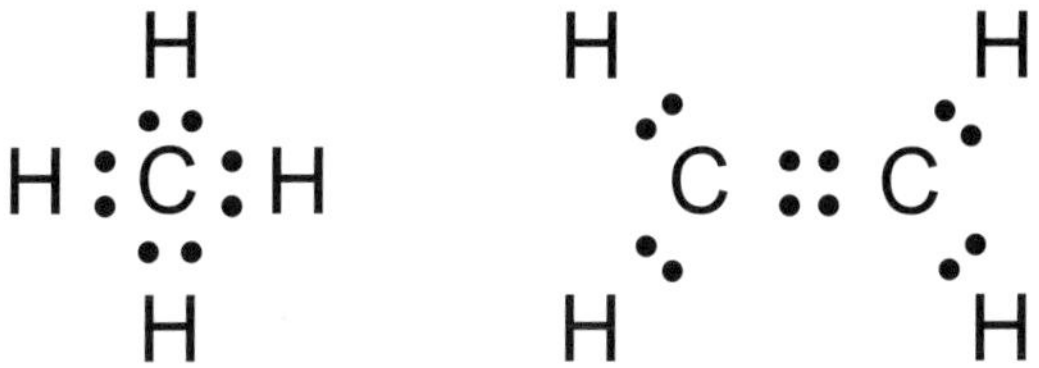

ルイス構造式（左：メタン、右：エチレン）

素と、1つの価電子を持つ水素4原子が結びついており、これは図のように表現されます。こうした形式はルイス構造式と呼ばれ、現代の目からは素朴な表現法ではありますが、わかりやすい優れたアイディアでした。

二重結合では、2つの炭素原子がそれぞれ2つずつの電子を出し合い、2組の電子のペアを共有することで、結合を成しています。通常の構造式では、これを単純な二本線によって描き表し、先のルイス構造式では、炭素の間に4つの点を描くことで表現します。

このように、二重結合の2本の結合は、同じものだとなんとなく考えられていました。しかし1930年代以降、原子価結合理論が確立される中で、実はこの2本は全く性質の異なる結合ということがわかってきました。こうした進歩に大きく寄与したのがライナス・ポーリングで、物理学・化学・生化学にまたがる広い分野で大きな功績を上げた、20世紀科学の巨人です。

原子のモデルとして、原子核の周りを電子がめぐる、太陽系のような図がよく描かれます。しかし、実際の電子はこれとはだいぶ様相が

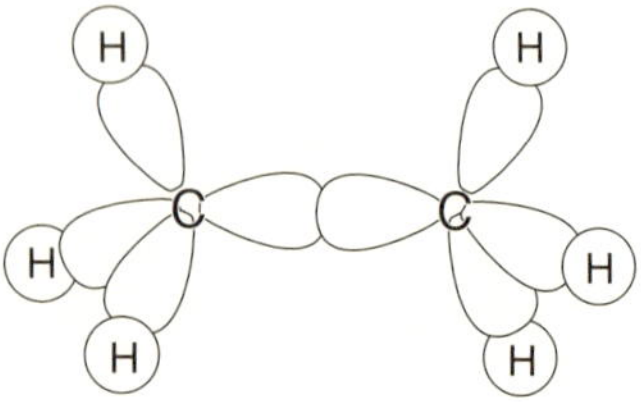

エタン分子。木の葉状の形は、電子が広がっている領域を表す

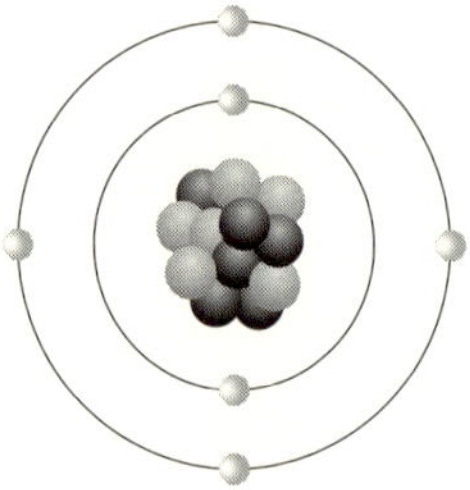

原子の太陽系モデル

異なります。電子は原子核の周りに存在していますが、今この瞬間にはここにいる、と決めることはできず、神出鬼没で動き回っています。高速で走る車を遅いシャッタースピードで写すと、ぼんやりと車が線状に写るように、電子も原子核のまわりに薄く広がった雲のような存在と考えるほうが、実際に近いといえます。

炭素と炭素、炭素と水素の単結合を成す電子雲は、原子と原子を結ぶ直線に沿った形で広がっています。直感的にも理解しやすい形状でしょう。専門用語では「σ《シグマ》結合」と呼びます。エタンの炭素と炭素を結んでいるのも、このσ結合です。また、エタンの炭素原子のように、4本の単結合が伸びている炭素原子を、専門用語では「sp^3炭素」と呼んでいます。

二重結合のうちの1本は、このσ結合です。そしてもう1本は、「π《パイ》結合」の名で呼ばれます。π結合を作る電子——すなわちπ電子は、原子と原子を結ぶ直線に対して垂直に立った形をしています。この葉っぱのような形のπ電子が、隣同士の炭

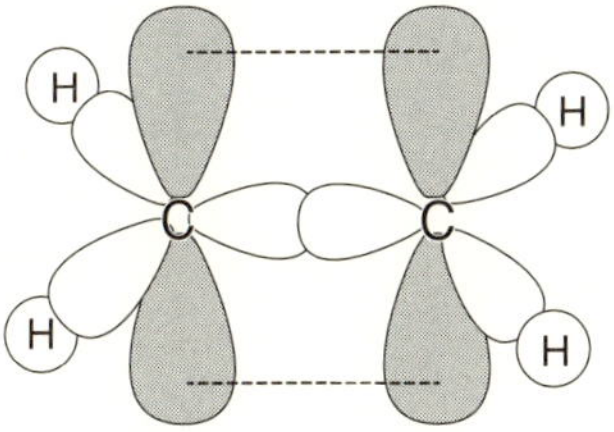

エチレン分子の結合の様子。白がσ結合、網掛けがπ結合

素原子を橋渡しするように結んでいます（π結合）。これを見るだけでも、σ結合とはずいぶん違ったものだと予想がつくでしょう。このπ電子というものは、いわば本書の主役ですから、しっかり名前を覚えておいて下さい。二重結合はσ結合とπ結合が1本ずつ、三重結合はσ結合1本とπ結合2本から成り立っています。また、二重結合を成している炭素を「sp^2炭素」、三重結合を作っている炭素を「sp炭素」と呼んでいます。

結合の角度

単結合4本を持つ炭素原子、すなわちsp^3炭素は、いわゆる正四面体配置を取ります。たとえばメタン（CH_4）分子は、4つの水素原子が正四面体の頂点に、炭素原子が中心に来た形です。シンプルだけれど、とても美しい形だと筆者などは思います。

このとき、水素-炭素-水素の3原子が成す角度は、約109・5度となります。この角度は自然界でもいろいろなところに現れ、「マラルディの角度」という名前もついています。sp^3炭素にとっては、この109・5度が最も居心地がよく、安定な角度なのです。ダイヤモンドは、全ての炭素がこの角度で結合したネットワークであるため、極めて硬いのです。

では二重結合はどうかというと、結合角は120度となります。炭素原子に結びつく3つの原子が、正三角形の頂点に来る角度ということです。一方アセチレンのような三重結合では、180度となります。つまり水素‐炭素‐炭素の3原子が、一直線上に並ぶことになります。

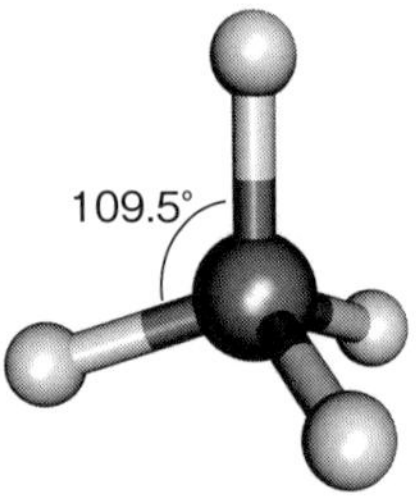

メタン分子

なぜこのような角度になるのでしょうか？　正確には、量子力学に基づく難解な方程式を解く必要があるのですが、原子同士の反発によるものと考えるのがわかりやすいでしょう。メタン分子で、炭素に結びついた水素原子同士には、互いに反発力が働いて、できるだけ離れようとします。炭素原子に縛りつけられたまま、4つの水素ができる限り互いに遠ざかろうとした結果が、正四面体構造だというわけです。エチレンやアセチレンの場合も、同じように考えればそれぞれ120度、180度になることが理解できます。

ただし、これはメタンのようなシンプルな分子の場合です。他の原子が結合していたり、特別な構造をとっていたりすると、この角度は変化します。たとえばメタン原子の水素をひとつ取り去ってサイズの大きな塩素に取り替えると、塩素が幅を取るために水素‐炭素‐水素の結合角は小さくなり、塩素‐炭素‐水素の角度は大きくなります。

また、原子が結びついて環を作っている場合は、理想的な角度を保てないケースも出てきます。たとえば炭素が3つで環を作った分子では、炭素の結合角が60度までねじ曲げられます。こうした分子は安定ではなく、何かのきっかけがあれば環を開き、理想の角度に近づこうとします。プラスチックの棒を無理にねじ曲げて環にしたものと同じで、ひずんだ環は不安定で壊れやすいのです。

というわけで、sp^3炭素が環を作る場合には5員環か6員環、sp^2炭素ならば6員環を作った場合が最も安定です。「亀の甲」と呼ばれるように、芳香族化合物が正六角形をしているのは、これが大きな理由です。

σ結合とπ結合の違い

さて、単結合と二重結合には、いくつか大きな違いがあります。たとえば、単結合はその結合軸に沿ってくるくると回転します。エタン分子は炭素‐炭素結合に沿って、2つのメチル基（$-CH_3$）が車輪のように高速で回っていますし、もっと長い炭素鎖では、全体がうねうねとうごめいています。

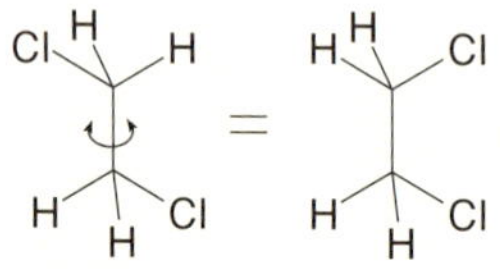

(1a)　(1b)
いずれも同じ1,2-ジクロロエタン

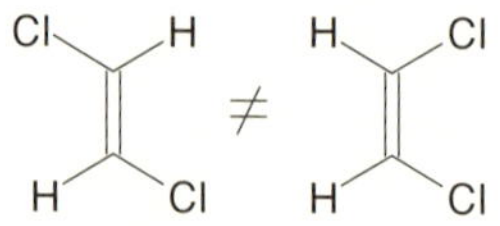

(2a)　(2b)
trans-1,2-ジクロロエチレンと
cis-1,2-ジクロロエチレン

ところが、σ結合とπ結合という異なる結合で結びついている二重結合では、このような回転はできません。σ結合では、結合軸にそって回転しても結合は保たれますが、二重結合では回転しようとするとπ結合が切れてしまいます。このため、自由な回転ができないのです。というわけで、上の図１ａと１ｂは単結合で結びついているので同じ分子ですが、二重結合を中心に持つ２ａと２ｂは全く別の物質であり、それぞれ異なる性質を示します。

また、先程も少し触れましたが、σ結合とπ結合は反応のしやすさも異なります。σ結合は原子と原子の間に隠れた形ですので、他の分子が来てもそう簡単に入り込めません。すなわち、化学反応を比較的起こしにくい結合ということになります。一方のπ結合は、結合軸の上下に電子が張り出していますので、電子を欲しがっている化合物（求電子剤といいます）にとっては格好の獲物です。先に述べた、エチレンに塩素が付加反応を起こすのはこういうことです。

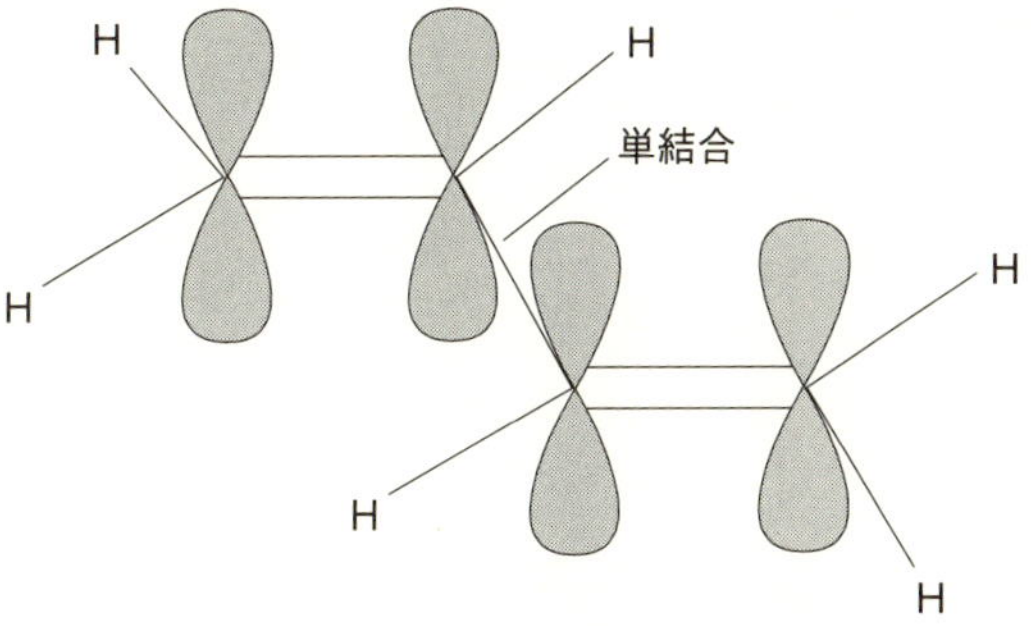

2つの二重結合の軌道間に重なりが生じる

共役系《きょうやく》

π結合では、炭素原子の上下に葉っぱのようにπ電子が伸び、炭素原子同士を橋渡しするようにつないでいると述べました。そこで、二重結合-単結合-二重結合とつながった分子を考えてみましょう。中央の結合は単結合ですが、両方の炭素にπ電子が立っており、この間で何らかの作用がありそうに見えます。事実、2つの二重結合は他人同士ではありません。こうした間柄を「共役系」と呼んでいます。

共役二重結合の間の単結合は、両側のπ電子同士が引きつけ合うため、自由に回転しにくい性質を持ちます。いわば、単結合でありながら二重結合に近い性質を帯びているといえます。このため、共役二重結合に含まれる4つの炭素原子は、理想的には全て同じ平面に乗ります。逆に言えば、二重結合-単結合-二重結合とつながった構造であっても、なんらかの原因で単結合がねじれてしまう場合は、共役系としての性質を示しません。また、二重結合同士の間に単結合が2つ以上挟まると、これらはもはや「他人」となり、共役二重結合としての性質を示さなくなります。

ベンゼン環では、形式上3本の二重結合と3本の単結合が交互につながった形であり、これらが全て同じ平面に乗っていますから、6つの炭素は全て共役しているということになります。共役系に含まれる電子は、ひとつの原子に縛られずに自由に共役系内を駆け巡り、全体の安定化に寄与します。

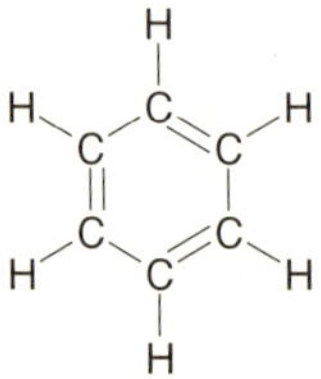

4員環は芳香族にならない？

とはいえ、ケクレの理論によって芳香族性の謎がすっかり解けたわけではありません。20世紀初頭、新たな謎を突きつけたのは化学者リヒャルト・ヴィルシュテッターでした。

ケクレの理論に従えば、4員環に2本の二重結合を含んだ「シクロブタジエン」や、8員環に4本の二重結合を持った「シクロオクタテトラエン」もまた、芳香族としての性質を示してもよいはずです。

しかしヴィルシュテッターが実際にシクロオクタテトラエンを合成してみたところ、この化合物はベンゼンとは異なり、通常の二重結合を持った化合物（オレフィン類といいます）としての性質を示したのです。そしてシクロブタジエンは極めて合成が困難で、ヴィルシュテッターの努力は全て実を結びませんでした。シクロブタジエンは、ごくシンプルな構造ながら作り出すことは大変に難しく、20世紀後半には「有機化学の聖杯」とさえ呼ばれ、多くの化学者が合成を競い合ったことで知られます（ちなみに、このように単結合と二重結合の繰り返しでできた環状化合物を「アヌレン」と呼びます。アヌレンは、環を作る原子の数を角括弧に入れて先頭に付けて表記します。シクロブタジエンは［4］アヌレン、ベンゼンは［6］アヌレンということになります）。

4・6・8員環で、なぜこうも性質が違うのか？　4員環と8員環は、結合のひずみが大きい（平面分子を想定した場合、シクロブタジエンの炭素の結合角は90度、シクロオクタテトラエンは135度で、sp^2炭素にとって理想的な角度である120度から大きく外れる）ことも要因ではありますが、それだけでは両者の性質を説明できそうにありません。

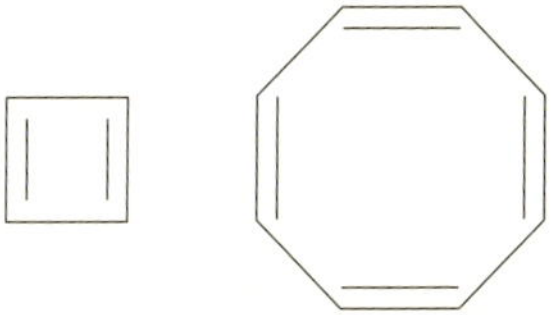

シクロブタジエン（左）とシクロオクタテトラエン（右）

ヒュッケル登場

この謎の解明には、量子力学の進歩を待つ必要がありました。1931年、ドイツの理論化学者エーリッヒ・ヒュッケルは、ベンゼン分子全体の電子の軌道を近似的に算出する方法を編み出したのです。その結論だけを言ってしまえば、「環を成している電子の数が（4n+2）個の時、その分子は芳香族性を示し、安定化する」ということになります。これをヒュッケル則といいます。ベンゼンは、まさにこのn＝1の場合に当てはまるため、非常に安定な分子として存在できるのです。

こうした分子軌道理論によれば、ベンゼンのような芳香族化合物は、「共鳴」によって安定化されていると説明されます。ケクレは、ベンゼン分子の単結合と二重結合が素早く入れ替わっていると説明しました。しかしこれは正確ではなく、実際には両者のあいのこのような、単一の軌道と解釈すべきということです。単結合が3本、二重結合が3本ずつではなく、いわば両者が混じり合ってできた1・5重結合が6本と見るべきなのです。これを共鳴構造と呼び、単結合－二重結合の繰り返しに比べて、ずっと安定な構造です。

ベンゼン環のπ電子は、ひとつの原子に縛りつけられることなく、6員環のリングを自在に駆け巡っています。この現象を、「ひとところにとどまらない」という意味で「非局在化」と呼んでいます（なので、有機化学の世界では、あちらの学会からこちらの会議へと忙しく飛び回っている先生のことを「非局在化が激しい」と言ったりします）。あちこち飛び移れるということは、あとで出てくる有機エレクトロニクスに関する化合物を考えるときに非常に重要になります。

詳しい分析によれば、ベンゼンは一辺が139pm（ピコメートル、1兆分の1メートル）の正六角形をしています。通常の単結合の長さである154pmと、二重結合の134pmの中間にあたって

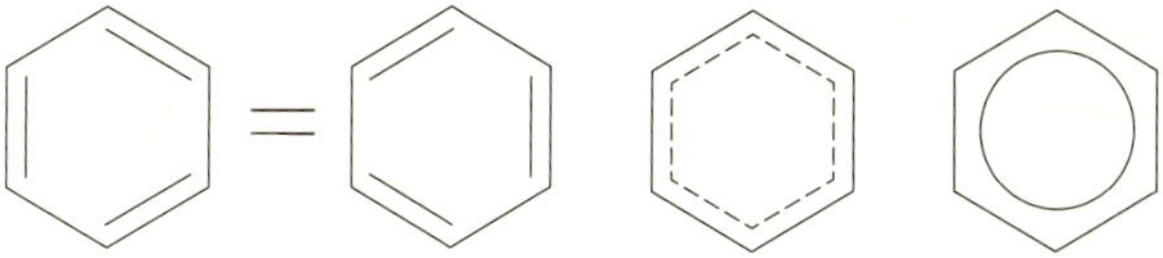

(a)　(b)　(c)

いるわけで、「1・5重結合6本」という解釈を裏付けています。

というわけですので、ベンゼンの構造を描くときには、6員環に二重結合を3本描いた（a）よりも、上図（b）や（c）のような描き方の方が実際に近いといえます。ただし、（a）の描き方が便利なケースも多いため、今でもこの描き方が最も多用されています。二重結合の位置は、どちらで描いても同じ意味合いで、区別をつける意味はありません。

ヒュッケル則が明らかにしたのは、これだけではありません。π電子の数が4n個の時には、この環は「反芳香族性」となって、著しく不安定になるのです。π電子4つ（4π電子系といいます）のシクロブタジエンの合成が難しいのは、このためです。芳香族を電子のハーモニーにたとえるなら、こちらは不協和音ということになるでし

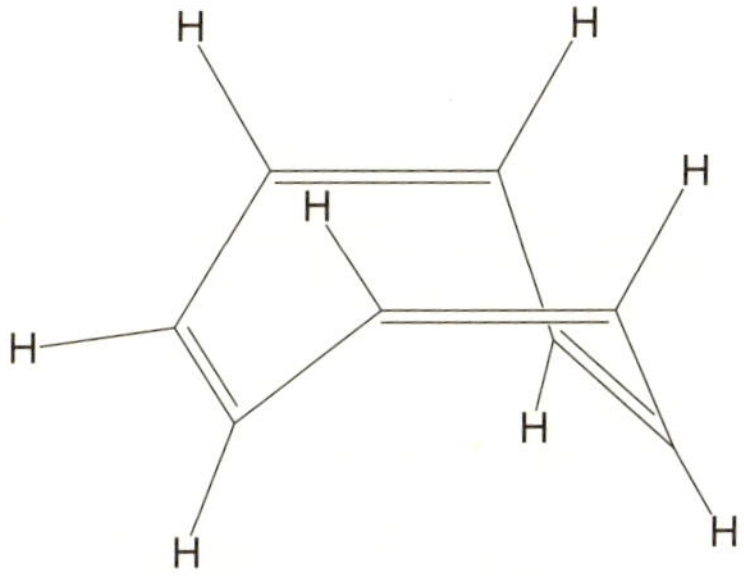

シクロオクタテトラエンの構造。平面から外れ、折れ曲がった形をとる

ょうか。

では8π電子系はどうか？　「シクロオクタテトラエン」と呼ばれるC_8H_8分子は、先のシクロブタジエンほどには不安定ではありません。実はシクロオクタテトラエン分子は平面ではなく、馬の鞍のような形に変形しています。平面であると反芳香族性となるため、変形することで共役系から外れ、不安定化を回避しているのです。

ヒュッケルによるこの業績は、単に芳香族化合物の性質の謎を解き明かしたというだけではありません。物理学が化学の世界に持ち込まれ、分野の壁を超えて融合したという点で、まさに歴史的なものといえるでしょう。ベンゼンという分子は、いわば科学史における大きなモニュメントでもあるのです。

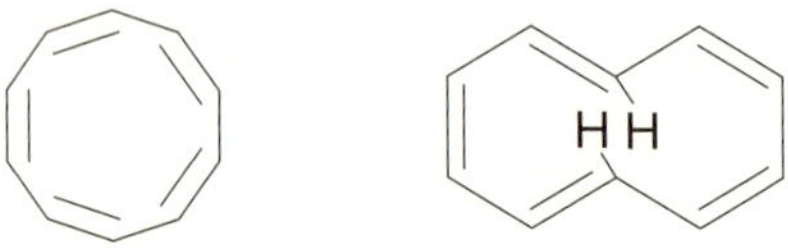

2種の［10］アヌレン

大きな芳香環

10員環に5つの二重結合を含む分子も、やはり芳香族性を示すはずです。ただし、正十角形の分子（上図左）は結合角が144度となり、ひずみが大きすぎるため安定に存在できません。また、上図右のような形の分子は、くびれた部分の水素原子同士がぶつかり合ってしまうために平面を保てず、これも安定には存在できません。

水素がぶつかり合わずに済む［18］アヌレン（ヒュッケル則のn＝4の場合に当たる）は1962年に初めて合成され、芳香族性を示すことが証明されています。その他いろいろな分子が合成され、ヒュッケル則の正しさが証明されています。次の章から、こうしたさまざまな芳香族化合物を見ていくこととしましょう。

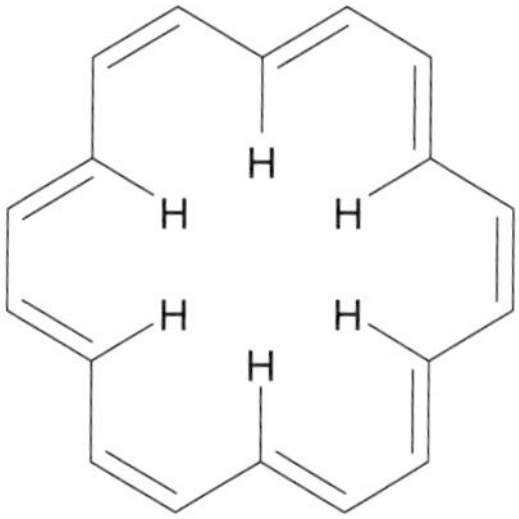
［18］アヌレン

第3章

六角形はどこまでつながるのか?

芳香環をつなぐ

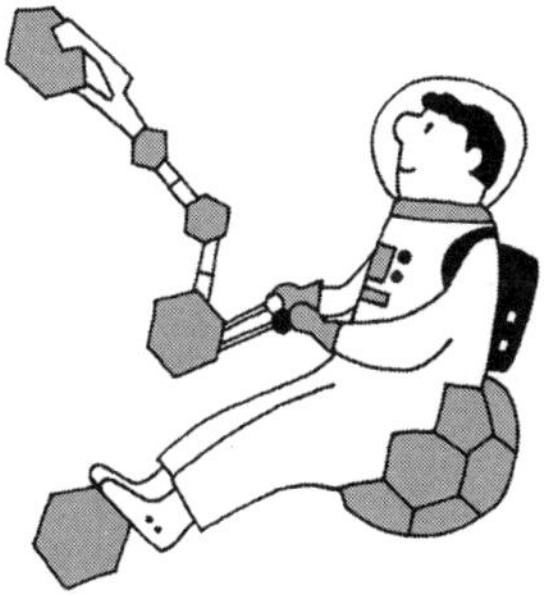

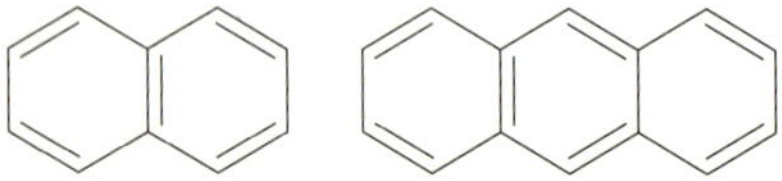

（左）ナフタレン　（右）アントラセン

ベンゼン環をつなげてみよう

前章で、芳香族化合物は6π電子系だけでなく、10π、14π、18π……といった化合物も、芳香環になると述べました。ただし14員環や18員環といったあまりに大きな環では、安定性が低下してしまいます。しかし、上図のようにベンゼン環が複数、辺を共有した形の分子は、環全体として10π、14π電子系となるため、安定な芳香環として存在します。

このような複数の芳香環をつないだ形の分子を、「多環式芳香族炭化水素」と呼びます。要するに蜂の巣のような分子たちです（なお、環同士が辺を共有してつながることを「縮環」と表現します）。これらのうち最も簡単なのは、ベンゼン環2つが連結したナフタレン（上図左）で、10π電子系となります。これは、防虫剤などとして身近でも使われる化合物です。

次に、ベンゼン環を3つ縮環した、14π電子系の化合物を考えてみましょう。このうち、直線型のものはアントラセン、折れ曲がった形のものはフェナントレンという名がついています。アントラセン骨格を持った分子は、アカネの色素など天然にも存在します（第10章参照）。

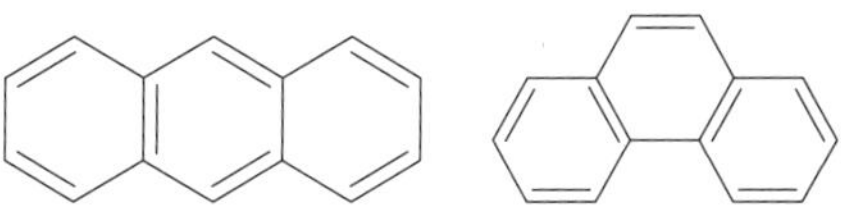

アントラセン（左）とフェナントレン（右）

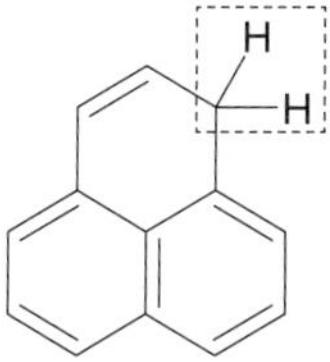

フェナレン

正六角形を3つつないだ形は、もう一通り考えられます。左下図のような三角型の分子で、フェナレンという名がついています。しかしこの形の分子は、3つの6員環全てを芳香環にすることはできません。この化合物は炭素数が13個と奇数なので、どう工夫しても全ての炭素に行き渡るように二重結合を配置することは不可能なのです。枠で囲んだ炭素はsp^3炭素にならざるを得ないので、ここで共役系が切れてしまうのです。

ベンゼン環4つをつないだ化合物はどうでしょうか?　こちらは形としては7通りが考えられます（次ページ上図）。しかしこのうち1つだけは、全ての炭素に行き渡るように二重結合を配置することができないため、全ての環を芳香環とすることができません。

これらのうち、直線的に4つの芳香環が並んだものはテトラセン、ジグザグ形に並んだものをクリセンといいます。さてこのテトラセンとクリセン、どちらが安定と思われるでしょうか?　実は、安定なのはクリセンのほうです。直線状にベンゼン環がつながった化合物（アセン類）は、環の数が増えるご

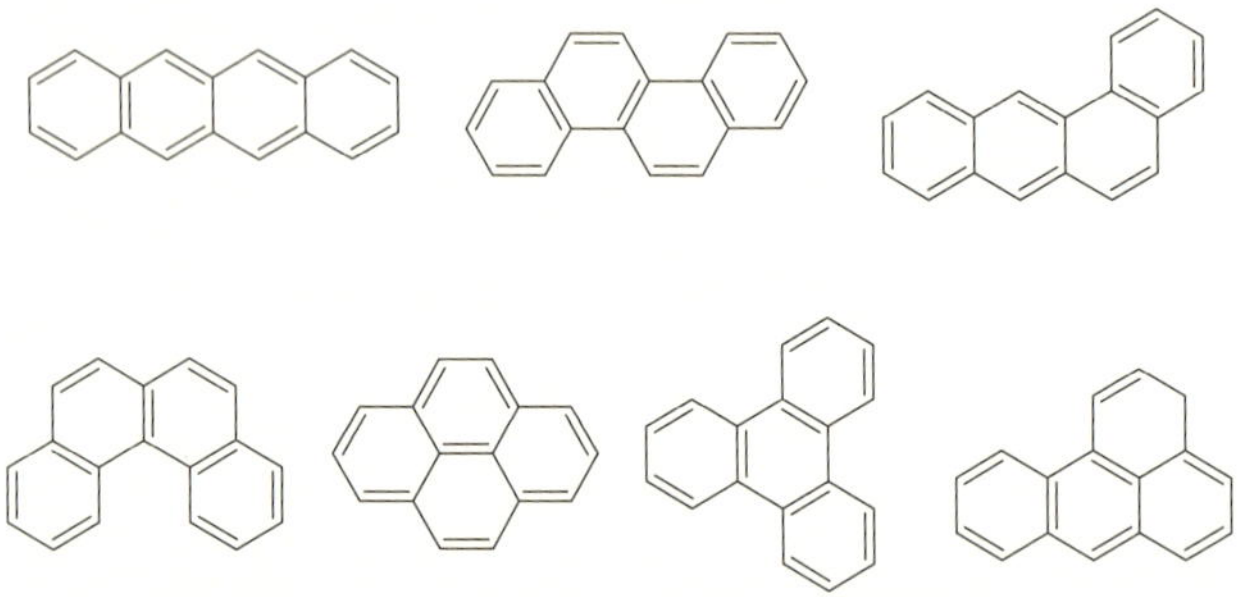

４つの芳香環が結合した化合物。右下の化合物のみ、全ての環を芳香環とすることができない。左上がテトラセン、上段左から２番目がクリセン

上からペンタセン、ヘキサセン、ヘプタセン

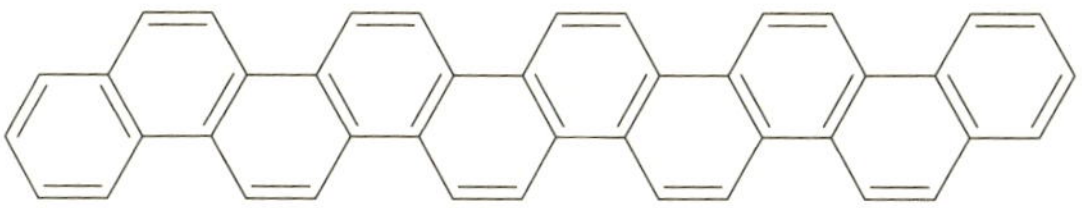

［10］フェナセン

とに不安定になってゆくことが知られています。環が5つのペンタセンは空気中でゆっくりと酸化されてゆきますし、環が6つのヘキサセンは2007年、環が7つのヘプタセンは2017年に初めて目に見える量が作り出されましたが、いずれも空気中の酸素に触れるとすぐ壊れてしまいます。

なぜアセン類が不安定なのか、その学術的に厳密な答えは難解な量子化学による計算をしなければ出せませんが、定性的には図面に線を引くだけで理解できます。アセン類の構造式を描いてみると、3本の二重結合を描き込める環は2つだけで、残りは二重結合2本ずつになってしまいます。このため芳香族性が低下し、通常の二重結合をたくさん含む化合物（オレフィン類）としての性質が強く出て、不安定になっていくのです。

一方フェナセン類は、いくら長くなっても全ての環に3本の二重結合を描くことができます。このため、長いものでも全体が芳香族性を保つことができ、安定であると考えれば理解しやすいでしょう。ケクレ式が便利だというのは、このあたりのことです。実際、10の環を持ったフェナセン（［10］フェナセンと表記します）まで作られていますが、空気中でも問題なく取り扱うことができます。

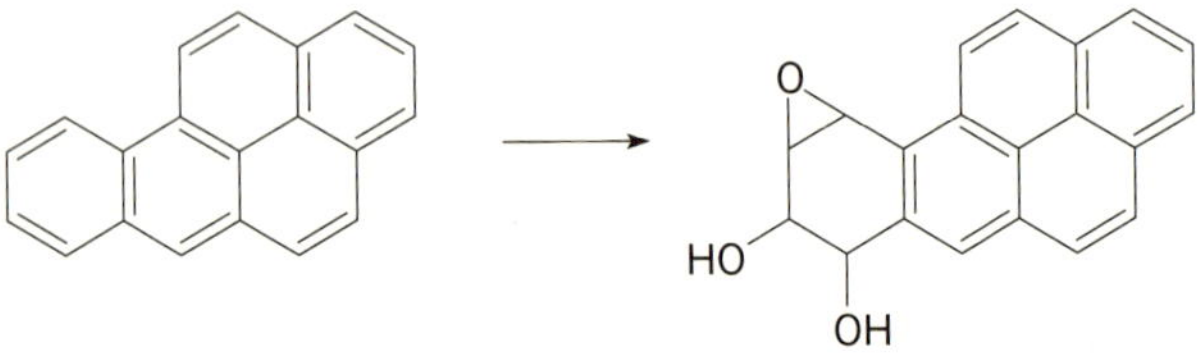

ベンゾピレン（左）とその代謝物（右）

ベンゼン環5つの場合は形式上22種類、多環式芳香族化合物としては15種類が存在し得ます。その後、ベンゼン環が増えるごとに、可能な化合物は加速度的に増えてゆきます。全てを列挙することは不可能ですので、いくつか特徴的なものを紹介しましょう。

こうした多環式芳香族化合物の中には、ちょっと恐ろしい分子もあります。ベンゾピレンと呼ばれる分子は、強力な発がん物質として有名です。人体は、体内に異物が入り込んでくると、肝臓で酸素を取り付け、水溶性を上げることで体外に流し出そうとするのです。ベンゾピレンもこの代謝作用を受けるのですが、こうしてできた化合物はDNAに結合しやすく、その正常な機能を失わせてがんを引き起こすのです。その他、いくつかの多環式芳香族炭化水素は発がん性を持っており、取り扱いに気を配る必要があります。

こうした多環式芳香族化合物の一部が持っている発がん性がわかったのは、1775年にロンドンの煙突清掃員に特殊ながんの発生が多いことが報告されたのがきっかけです。1915年には山極勝三郎が、コールタールをウサギの耳に繰り返し塗りつけることでがんが発生することを実証しました。ベンゾピレンは、コールタールに含まれる主要な発がん物質です。

ベンゾピレンなどの多環式芳香族化合物は、魚や肉の焼け焦げに含まれるため、焦げた部分はなるべく食べないようにすべきとされてきました。しかし近年の研究で、焦げの発がん物質によるリスクは極めてわずかであることがわかりました。国立がんセンター（当時）が１９７８年に発表した「がんを防ぐための12か条」には「焦げた部分は避ける」という項目がありましたが、２０１１年発表の「新12か条」では、この項目は削除されています。

ケクレへのリスペクト

これまでにない化合物が作り出されたら、名前が必要になります。正式名称は、「国際純正・応用化学連合」（略称ＩＵＰＡＣ）という組織で定められた方式に従い、構造式から機械的に決められます。ただしこの方式ですと、覚えづらく長ったらしい名前になってしまうこともあるため、通称が用いられます。新規化合物を命名するのは名誉なことであり、我が子に名前をつけるのと同様、化学者にとって胸躍るひとときです。

多環式芳香族化合物の場合には、その形状から名付けられたものが多くあります。たとえばベンゼン環のまわりを６つのベンゼン環が取り巻いた形の分子は、「コロネン」と命名されています。いうまでもなく、太陽のコロナを連想させる形からつけられた名称です。また、コロネンを

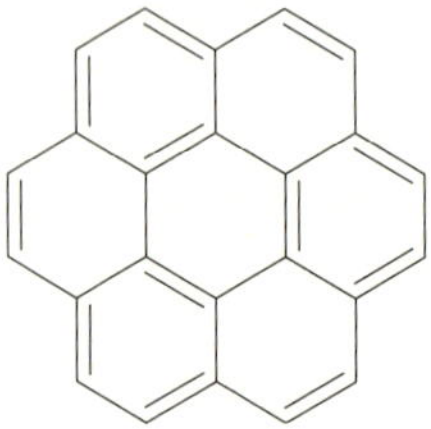 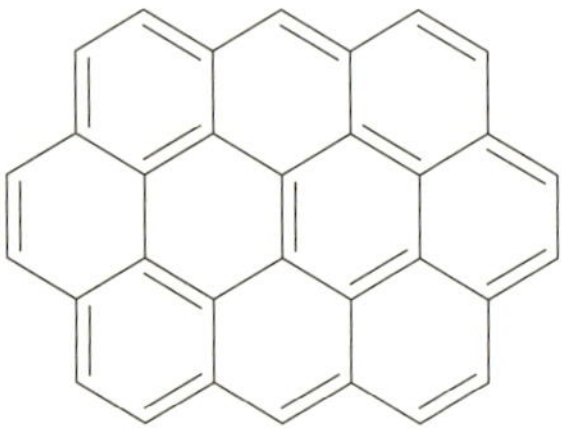

コロネン（左）とオバレン（右）

横に広げたような、ベンゼン環10個から成る分子は、「オバレン」の名で呼ばれます。楕円形を表す英語「oval」から来ています。

次のような形の分子には、みなさんなら何という名を与えるでしょうか。1955年にこれを初めて合成したエーリッヒ・クラーが与えた名は「ゼトレン」でした。アルファベットの「Z」に似ていることからの命名です。

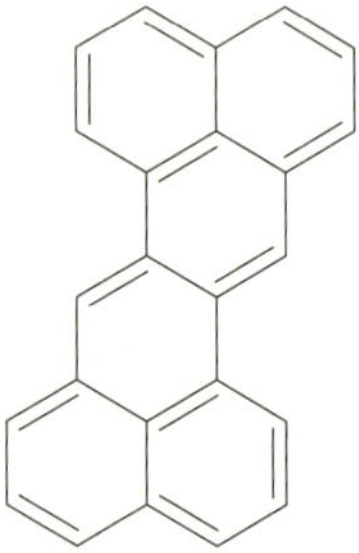

ゼトレン

1978年には、12個のベンゼン環が連結して大きな正六角形を成した、次のような化合物が作られました。ベンゼン環でできたベンゼン環ともいうべきこの化合物には、「ケクレン」の名が与えられました。もちろん、ベンゼンの構造を解き明かしたケクレを讃えた名称であり、まさしくこの名にふさわしい分子といえるでしょう。

２０１０年には、イギリスのグレアム・リチャーズらが下図のような分子を合成しました。オリンピックのシンボルである五輪マークによく似た構造ですので、２０１２年のロンドンオリンピックを記念し、「オリンピセン」の名がつけられています。ただしこの化合物は、前出のフェナレンなどと同様、全てを芳香環とすることができません。

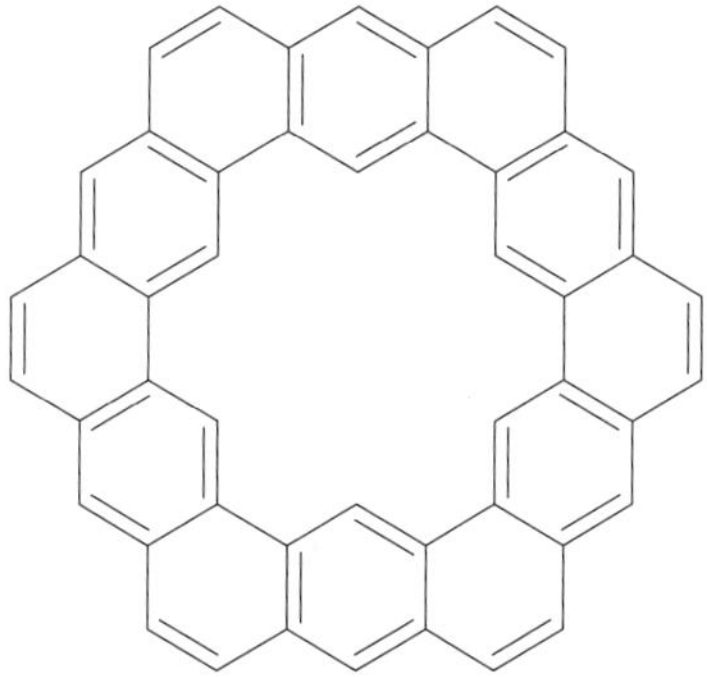

ケクレン

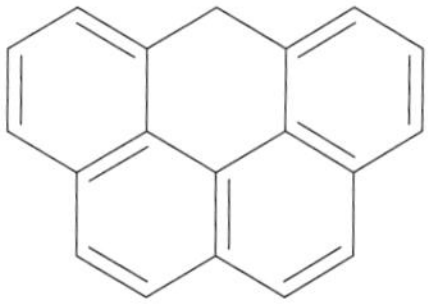

オリンピセンの構造

近年、顕微鏡の技術が急速に進み、分子の姿を直接観察できるようになってきています。このオリンピセンも、原子間力顕微鏡（ＡＦＭ）という技術により、みごとな五輪型が確認されています。技術の進歩もここまで来たか、と感慨深くなります。

このように、さまざまな形状をデザインし、これまで世界に存在しなかった物質を創り出せるのが、有機合成化学の大きな魅力です。２０２０年の東京オリンピックを記念した分子は、果たして出てくるでしょうか。

これらの他にも、化学者の思いがこもった名称の化合物はたくさんありますので、おいおい紹介してゆくとしましょう。

3次元の芳香族

さてここまで、純然たる六角形だけからできた、平面の芳香族炭化水素をご覧いただきました。芳香族化合物では、分子が平面である方が軌道の重なりが大きく、より安定性が高まります。しかし裏を返せば、平面からずれた分子では、芳香族化合物と非芳香族化合物の中間に位置する、面白みのある性質が現れてくるのです。

まず、ベンゼン環同士を辺でつないでいくことを考えてみましょう。まず2つをつなぐとナフタレンになり、１２０度曲がる形で次のベンゼン環をつなぐとフェナントレンになります。同じ

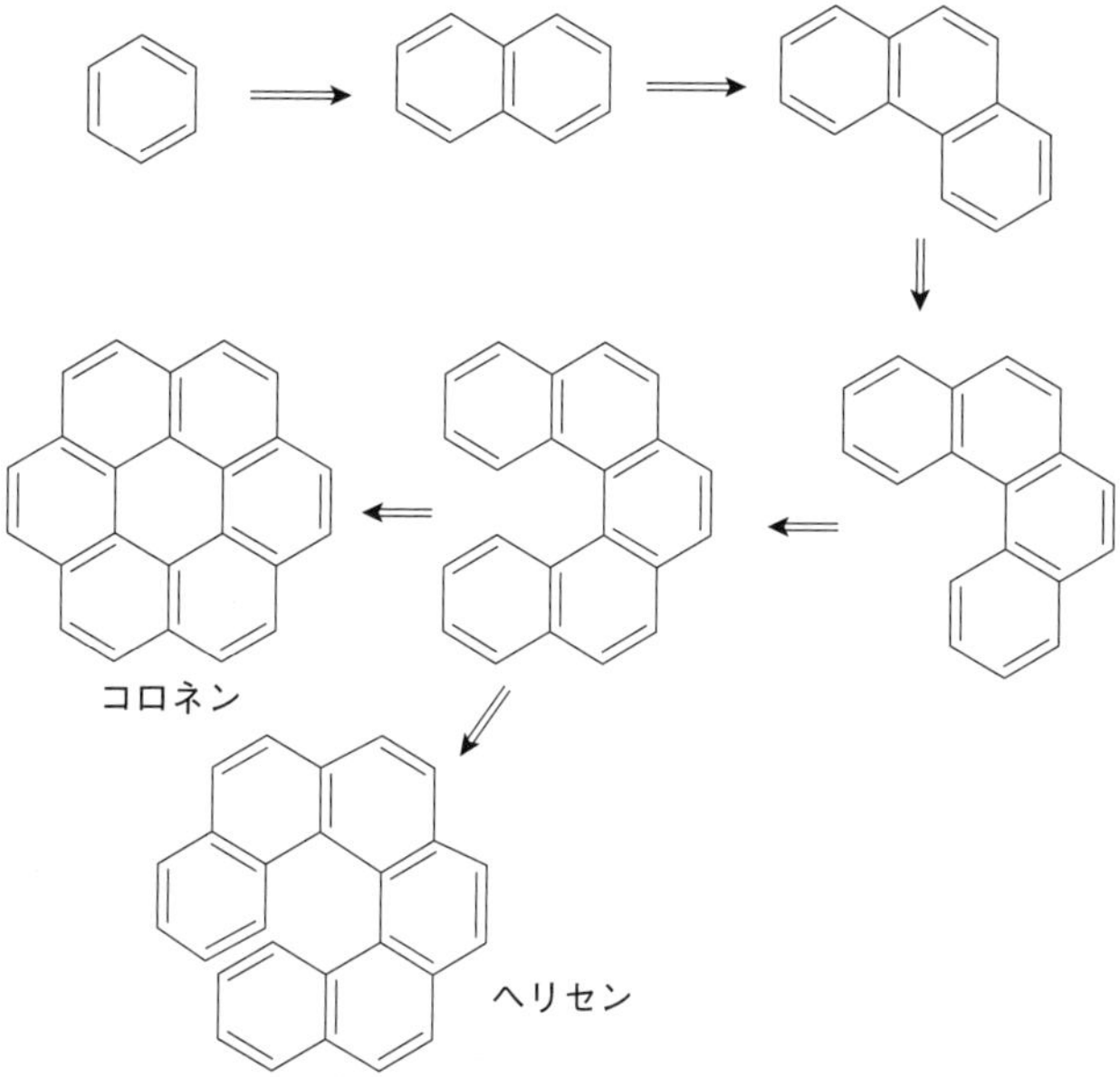

ベンゼンを順につなぎ、6個が環になるとコロネンに、ねじれたC字型になるとヘリセンになる

要領で6つ目までつないでいくと、一周して最初のベンゼン環につながり、先ほど紹介したコロネンになります。しかしこの6つ目のベンゼン環をつなぐ時、最初のベンゼン環の辺に重ねず、全体がCの字型になったらどうでしょうか？　この分子は、辺同士の干渉によって全体がねじれ、らせん階段のような構造をとるのです。

　この分子は1955年にメルヴィン・ニューマンによって初めて合成され、らせんを意味するギリシャ語「helice」からとって、「ヘリセン」と命名されました。当然、この分子には右巻きと左巻きの両方がありえます。通常、炭素原子に4つの異なる置換基が結合していると、左手型と右手型の分子ができ、これを不斉炭素と呼んでいます。ヘリセンは、この不斉炭素がなくとも、分子構造の混み具合だけで不斉となる初めての分子で、歴史的な業績と評されています。

ニューマンのヘリセンはベンゼン環6つですので、「らせん」というには少々短い構造です。2015年には、東京大学の藤田誠・山形大学の村瀬隆史らにより、16個ものベンゼン環が連結した、完全ならせん状分子も合成されています。

ねじれた構造の[6]ヘリセン

五角形や七角形が入ると?

ここまでは、六角形だけがつながった分子を紹介してきました。しかし、何も炭素が作る環は6員環ばかりではありません。芳香環が5員環や7員環と縮環した化合物も、たくさん知られています。

先ほど、6員環のまわりをベンゼン環が取り巻いた、コロネンという化合物を紹介しました。

横から見たコランニュレン分子

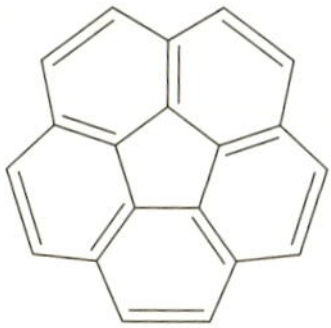

コランニュレン

これは全て正六角形で、その内角は１２０度ですから、完全に平面の構造となります。そこで、中央の5員環のまわりをぐるりとベンゼン環が取り囲んだ化合物を考えてみましょう。正五角形の内角は１０８度ですから、この化合物は平面を外れるか、結合角にひずみができるかのどちらかになるはずです。

この化合物は１９６６年にリチャード・ロートンによって初めて合成され、「コランニュレン」と命名されました。ラテン語で心臓を意味する「cor」とアヌレン（annulene）を合わせた命名です（なお、ロートン教授夫人の名前「Ann」がこっそり埋め込まれてもいます）。

分析の結果、コランニュレンは皿のようにへこんだ構造をとっており、傘が「おちょこ」になるように、ぺこぺこと反転を繰り返していることも明らかになりました。本来平面であるべき芳香族化合物が、こうして平面から外れることで、また新しい表情が見えてくるのです。

7員環をベンゼン環が囲んだ分子は、１９８３年に初めて合成されました。こうした化合物はサーキュレンと総称され、ベンゼン環単位の数を先頭につけて表記します。コランニュレンは［5］サーキュレン、コ

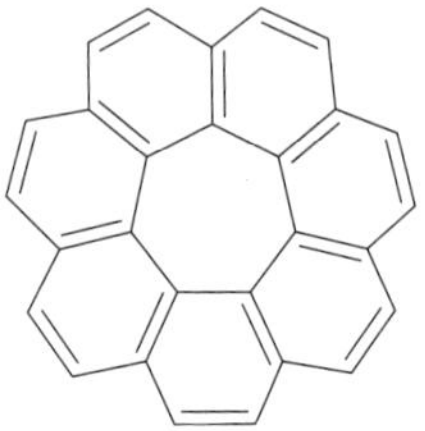

［7］サーキュレン

ロネンは［6］サーキュレンということになります。

5員環が入ると分子はボウル状になりますが、7員環ですと鞍状に反り返った形になります。これは、後に出てくるナノカーボンの形状を考える上で重要です。また、平面的でないことで、結晶状態も大きく変わります。結晶は、分子が規則的に寄り集まったものですが、平面的な構造だと分子同士がぴったりと重なり合い、強く引きつけ合って、互いに離れにくくなります。すると溶媒に非常に溶けにくくなりますので、応用範囲が狭まってしまうのです。

しかし曲面的な分子では、分子同士の間に働く力が弱いためにほぐれやすくなります。また、さまざまな置換基を導入すると、それらが3次元的に広がるので、分子の造形の幅が大いに広がります。平面であるべき芳香族分子をあえてひずませることで、また新しい世界が見えてくるのです。

第4章 「六角形」じゃないけれど

トロポノイドとメタロセン

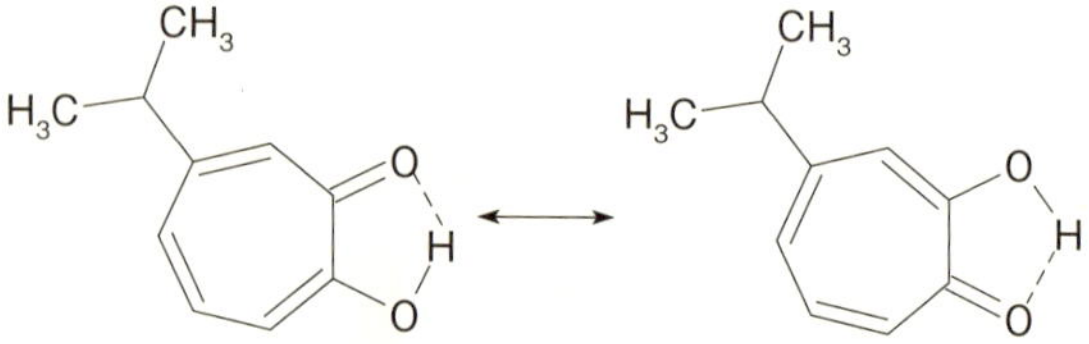

ヒノキチオールの構造

ベンゼン環の例外

こうして、ベンゼンの構造の謎は解けました。しかし、いったん正体を見極めたように思っても、すぐに例外や予想外の存在が現れるのが科学の世界というものです。芳香族化合物の「例外」は、思わぬジャンルから出現しました。

1936年、台北帝国大学（当時日本領）の野副鐵男は、タイワンヒノキの根から未知の化合物を発見し、「ヒノキチオール」と命名しました。戦時中の厳しい環境の中、野副は十数年がかりで、この化合物が極めて珍しい7員環骨格を持っていることを突き止めます。しかしこの化合物が酸性を示すこと、高い安定性を示すことなどの性質は、当時の知識では説明がつきませんでした。

戦後、東北大学へ移った野副は、ヒノキチオールが上の図のような構造であることを実証しました。図に示したように2つの構造間の共鳴により、安定度が高まっていると考えられます。さらに、環の電子が酸素原子へ引き寄せられると、7員環部分は6つの電子を持つこと

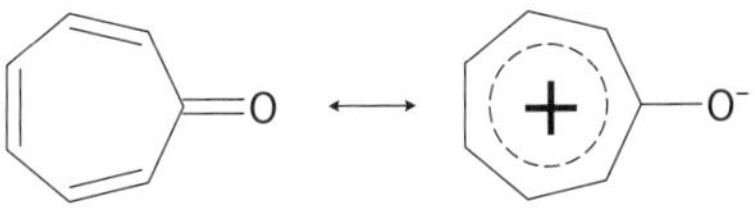

トロポノイドの芳香族性

になり、これは芳香族の条件を満たします。

当時は7員環の化合物というもの自体がほとんど知られておらず、しかもこれが芳香族性を示すという事実は、非常な驚きをもって迎えられました。芳香族性を示すには電子が6つであればよく、環を構成する原子が6つである必要はなかったのです。こうして、「ベンゼンでない芳香族」という新たな分野が誕生しました。

なおこのヒノキチオールについては、同時期にスウェーデンのエルドマン教授も、全く同じ化合物を別個に発見していました。戦中戦後の混乱期で、日本の化学者は国際的な発表もままならなかった時期ですので、手柄を独り占めされても不思議はなかったといえます。しかしエルドマンはフェアにも「野副がヒノキチオールの第一発見者である」と国際学会で発表し、このため野副の研究は一挙に脚光を浴びることになりました。ヒノキチオールの物語は、昭和30年の国語の教科書にも掲載されるなど、敗戦に打ちひしがれていた日本人に大きな勇気を与えたのです。

野副はこの研究をさらに発展させ、独自の領域を切り拓いてゆきまスを蒸留することによって得られます。これらの植物は5・7員環を持つ化合物群を含んでおり、これを加熱することで脱水・空気酸化が起こってアズレン骨格ができるのです。反応式を見るとずいぶん大きな変化ですが、ひずみのある飽和の7員環から安定なアズレン骨格へ移ろうとする力が働くせいか、案外と起こりやすい反応であるようです。

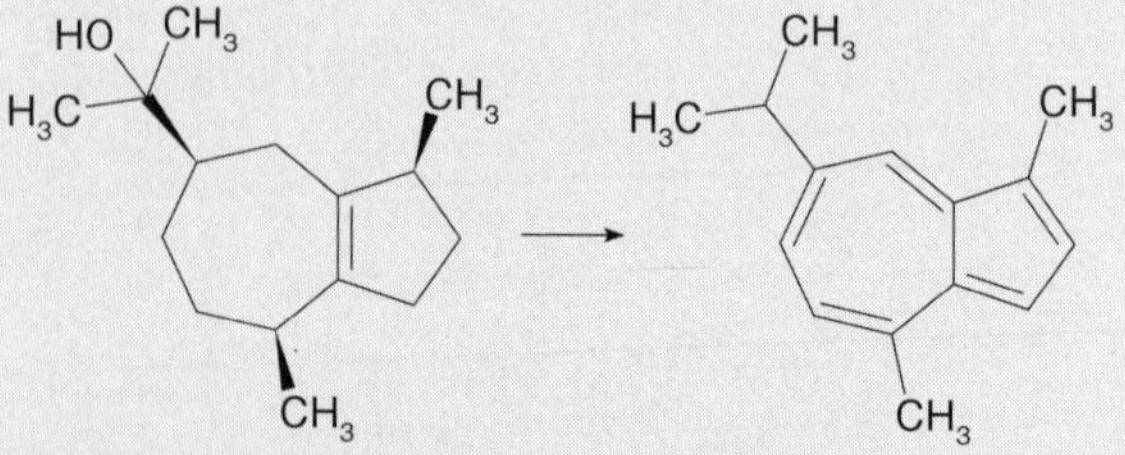

植物成分グアイオール（左）からグアイアズレン（右）への変化

グアイアズレンを含む精油はカモミール・ブルーと呼ばれ、古くからヨーロッパで民間薬として用いられてきました。アズレン誘導体は穏やかな抗炎症作用や抗菌作用を持ち、副作用がほとんどない安全な医薬品であるためです。現在でも胃薬、うがい薬、目薬などに広く配合されており、これらで青い色のものを見つけたらたいていアズレンの色と思って間違いありません（実際にはスルホン酸塩とし、水溶性を高めたものが配合されています）。ハーブ、薬草といった古くから伝わる知恵が、今でも実際の医療の中で生かされているよい一例です。

COLUMN

アズレンの化学

野副が研究した物質のひとつに、アズレンがあります。5員環と7員環が縮環した形の化合物で、全体が10π電子系となる——すなわち、先ほど出てきたヒュッケル則の（4n+2）電子系のn=2に当たっているため、芳香族性を示します。

ナフタレンと同じ分子式$C_{10}H_8$を持ち、異性体に相当しますが、性質にはずいぶん差があります。たとえばアズレンは、炭化水素には珍しく深い青色をしています。アズレンという名前もラテン語の「azul」（青色）から命名されたものです（ちなみにフランスの観光地コートダジュール（Cote d'Azur）、イタリアのサッカーチームの愛称「アズーリ」（azzurri）なども、この流れを汲んだ言葉です）。

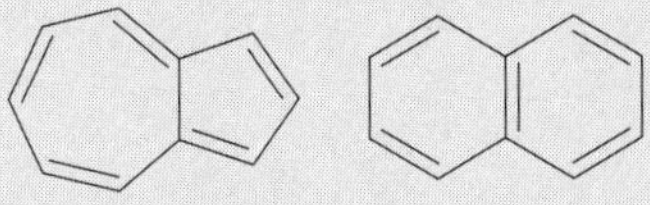

アズレン（左）とナフタレン（右）

天然にも、アズレン骨格を持った化合物は存在しています。たとえば、ルリハツタケというキノコに含まれており、このおかげでルリハツタケは異様なほど鮮やかな青い色をしています。

またアズレン誘導体は、カモミール（カミツレ）などのエキ

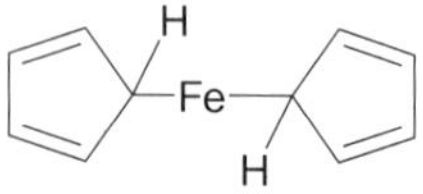

ポーソンが推測した新規化合物の構造

す。7員環のこれら化合物は「トロポノイド」と呼ばれ、日本の有機化学の力を世界に印象づけるものとなりました。野副が研究の拠点とした東北大学には、七角柱の形をした「トロポノイド化学顕彰之碑」が建てられています。

5員環の芳香族・フェロセン

6員環のベンゼンよりひとつ多い7員環の芳香族化合物があるなら、ひとつ少ない5員環もあってよさそうです。その化合物は、ちょっとドラマチックな形で見つかってきました。

1951年のある日、権威ある学術誌『ネイチャー』に、珍しい化合物の合成が報告されました。ピーター・ポーソンらのグループが、フルバレンという化合物を合成しようとしたところ、鉄を含んだ珍しい化合物ができてしまったというものです。彼らが報告した構造は、上図のようなものでした。

化学を知っている人なら、一見して「これはおかしいんじゃないか」と思う構造です。鉄などの金属原子と炭素原子との結合は、一般的に非常に不安定であり、水分や空気に触れただけですぐに分解してしまいます。しかし報告された化合物は、水どころか硫酸の中でも変化せず、300度に加熱しても分解しない、安定なオレンジ色の結晶でした（筆者が学生時代に受けた授業で、ある教授は「猛烈に安定な化合物」と表現していたことを覚えています）。

ハーバード大学のロバート・バーンズ・ウッドワード教授は、論文を見てすぐさまこの構造に疑問を持ちました。真の構造を解き明かすにはどうすればいいか——彼がまず考えたのは、鉄に似た金属であるルテニウムを使っても、同じような化合物ができるかどうか試すことでした。さっそく彼は、近くの無機化学者ジェフリー・ウィルキンソンの研究室に行って、ルテニウム試薬を借りてくるように学生に命じます。そしてウィルキンソンは、「ルテニウム試薬はありませんか」という学生の一言でピンときました。彼もまた同じ論文を読み、同じことを考えていたのです。

ウッドワードとウィルキンソンはこれをきっかけに共同研究を開始し、さまざまな実験的証拠から、この化合物のC-H結合がすべて等価——すなわち、全く同じ環境下にあることを示しました。ここから彼らは、2枚の正五角形をしたC_5H_5単位が、鉄原子をサンドイッチした構造を提案したのです（なお、こうした形で金属元素に結びつくことを「配位する」と呼び、結びつく原子団を「配位子」と呼びます）。

このC_5H_5単位は1価の陰イオンとなっており、全体として6電子を有するため芳香族性を示します。この環は、5炭素から成る環に6電子が回っていますので、電子密度の高い芳香環です。このπ電子が、鉄の2価の陽イオンに結合することで、安定な構造を作り出しています。

ウッドワードは、この化合物に対して「フェロセン」の名を与えました。語尾はベンゼンのそれと揃え、「フェロ」の部分は鉄を意味します。また、金属原子がサンドイッチされた化合物全体を指して、「メタロセン」と総称します。

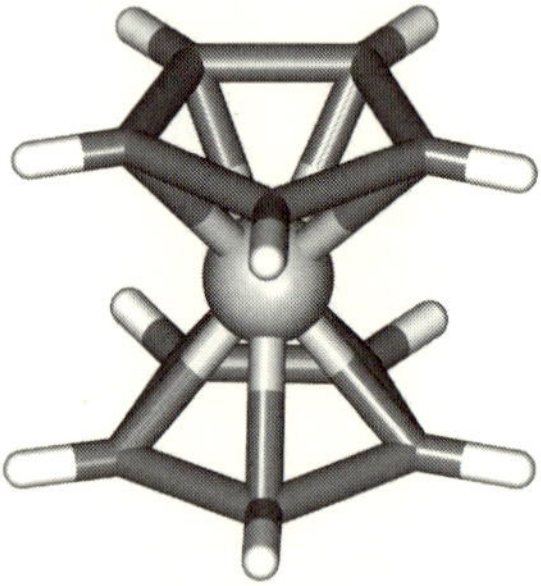

フェロセンの構造。中央の球が鉄原子

フェロセンは、それまで類似化合物が全く知られていない、あまりにも革新的な構造であったため、当初は「とうてい信じ難い」との声が多く挙がりました。しかし、ほぼ同時にドイツのエルンスト・フィッシャーらも同様の構造を提案した上、他の証拠も揃い始めたことから、やがてこのサンドイッチ構造は世界の認めるところとなりました。これほど安定でありながら、自然界に全く類例がないというのは珍しいことで、フェロセンは「神様の作り忘れた分子」のひとつといえるかもしれません。

ウィルキンソンとフィッシャーは競い合いながらこれら化合物に関する研究を進め、結局二人は1973年のノーベル化学賞を分け合うこととなりました。しかしこの時、共同受賞していてもおかしくなかったはずのウッドワードは、なぜか選に漏れています。彼は「不公正な決定だ」と抗議しますが、もちろん選考委員会の判定が覆ることはありませんでした。

またこの時、ポーソンより先にフェロセンを見つけていたグループがあったこと、ウッドワードのかつての弟子であるウィリアム・デーリングもサンドイッチ構造を考えていたとの話もあり、誰がフェロセンの第一発見者、誰が最大の貢献者とは決めがたかったようです。

ただ、これだけの多くの化学者がフェロセン研究に飛びついたのは、この化合物こそは全く新しい物質であり、次世代の化学を切り拓く鍵であると、彼らが直感したからでしょう。実際この発見をきっかけにして、炭素化合物と金属原子が結びついた「有機金属化合物」の研究が爆発的に進展し、化学の世界を大いに変えてゆくことになります。

5員環だけではないメタロセン

このあと、このような芳香環のπ電子が金属に配位した化合物がたくさん合成されました。遷移金属元素のほとんどは、メタロセンを作るといっても過言ではありません。なおこのように、金属元素と非金属元素が配位結合した形の化合物を、「金属錯体」と呼びます。

メタロセンの世界も多彩です。たとえばサンドイッチ型でなく、5員環1枚だけのものも作ら字塔とされ、はるかに合成法が進歩した現在でも、２例目の全合成が現れていません。

これらの業績により、1965年にはノーベル化学賞を単独で受賞しています。また前述の通り、フェロセンの構造決定もノーベル賞に値するものでした。一方、ビタミンB_{12}の全合成の途中で、ペリ環状反応と呼ばれる反応の選択性を説明する「ウッドワード＝ホフマン則」を発見し、この功績によって共同研究者のロアルド・ホフマンは1981年のノーベル化学賞を受賞しています。あと数年ウッドワードが長生きしていれば、おそらくホフマンと共同受賞していたでしょうから、彼はノーベル賞を３回獲っていてもおかしくなかったわけです。

若い頃は毎日４時間以下の睡眠で働いていたこと、青色を愛し、ネクタイやスーツ、駐車場までが「ウッドワード・ブルー」と呼ばれる青色で統一されていたこと、講演の際には12色のチョークを駆使してため息が出るほど美しい構造式を描いたことなど、その天才ぶりを示すエピソードは数多く残されています。しかし残念ながら、ウッドワードは長年のハードワークがたたったのか、1979年に62歳の若さで世を去っています。

晩年のウッドワードは、有機化合物で超伝導体を創り出すという、夢のような構想を持っていました。また、後述するフラーレンやカーボンナノチューブ、グラフェンなどの構造も思いつき、合成のプランを立てていたといわれます。ウッドワードはたった一人で化学の歴史を大きく変えてみせましたが、神様があと10年、いや数年の寿命を彼に与えていたら、現代の化学はさらに違ったものになっていたかもしれません。

COLUMN

「有機化学の神様」
ロバート・バーンズ・ウッドワード

他の科学分野に比べると、化学の世界にはあまり一般にも名の通った天才科学者というのは少ないように思います。物理学のアインシュタイン、シュレーディンガー、ホーキングといったスーパースターに比肩しうる知名度の化学者は、残念ながら見当たらないようです。

しかし、もちろんこの分野に天才がいないわけではありません。有機化学分野で真っ先に名が上がるのは、やはりこのロバート・バーンズ・ウッドワードでしょう。

6歳のころに化学に興味を持ち、11歳のころには専門の研究者が読む学術誌を取り寄せて読みふけっていたといいますから、早熟にしても桁外れです。19歳で学士号、その翌年（！）には博士号を取得し、研究の道を一筋に歩み始めます。

1944年、27歳でキニーネの人工的合成を達成したことで、ウッドワードの名は一躍世界にとどろきます。キニーネはマラリアの特効薬で、第二次世界大戦の戦場において需要が高まっていたのですが、この頃はその産地が日本軍によって押さえられていました。ウッドワードによる人工合成は、連合国の科学の力を見せつけるものとして、大きく喧伝されたのです。

ウッドワードはこの後も複雑な天然化合物の合成を次々と達成し、この分野を独走しました。20世紀後半の有機化学界は、ウッドワードの背中を追いかけることで発展していったといっても過言ではありません。中でも1973年のビタミンB_{12}全合成（スイスのアルバート・エッシェンモーザーとの共同研究）は金

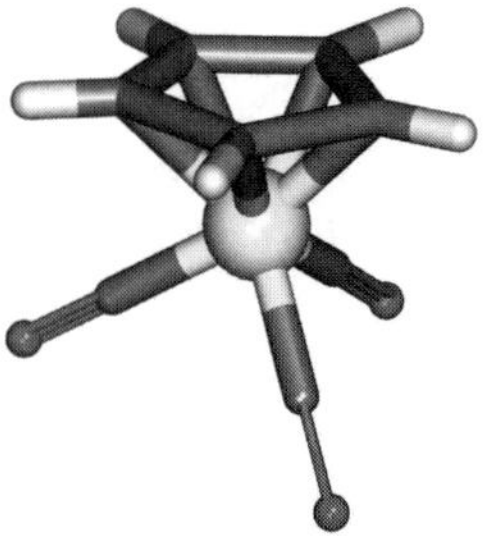

ピアノ椅子型錯体

れています。上の図は、通称「ピアノ椅子型錯体」と呼ばれます。シクロペンタジエニル（略号Cp）基と一酸化炭素3分子が配位子となっています。

また、5員環の配位子（シクロペンタジエニル基）以外の環が金属に配位したものも知られています。たとえばベンゼン環が、クロムなどの金属に配位した錯体があります。こうした錯体では、クロム原子がベンゼン環からπ電子を引き込むため、通常のベンゼンとは全く違う反応性を示します。

また、シクロオクタテトラエン（[8]アヌレン）がウラン原子に配位した化合物も知られています。シクロオクタテトラエンは平面にならず、芳香族性を示さないと述べましたが、この錯体では8員環が平面となり、芳香族分子特有の反応を受け付けます。これは、中心のウラン原子からシクロオクタテトラエン環に2電子が供給され、10π電子系となって芳香族性を示しているためと考えられています。

同様に、シクロブタジエン（[4]アヌレン）が配位した錯体もあります。これもまた、中心金属原子からの電子の流れ込みによって6π電子系が形成されています。このため、このシクロブタジエン環は芳香族性を持っており、芳香族化合物特有の反応性を示します。また、シクロブタジエンそのものが長方形であるのに対し、この錯体では正方形になっています。分子の形だけを見れば似たような構造でも、電子を見ると全く別物の物質になっているわけです。

このあたり、有機合成化学の研究者はどちらかといえば分子の形を見ていますが、物理分野に近い研究者は電子の配置の方に興味がある人が多いようです。同じ分子を見ても、人によって見えているものが違うというのは面白いことです。優れた研究を行なうためには、両方の視点がなければならないことは言うまでもありません。

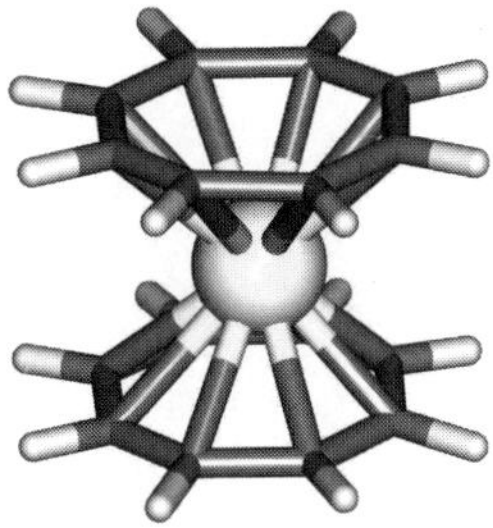

ウラノセン

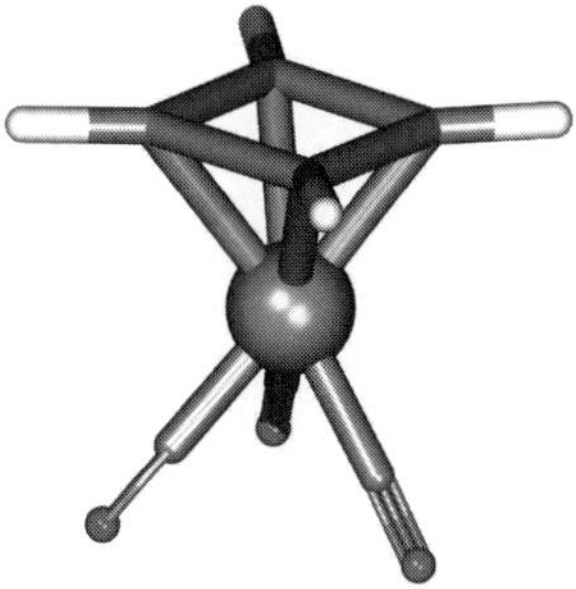

シクロブタジエン錯体

第5章

炭素だけじゃない！

ヘテロ環・5員環の豊かな世界

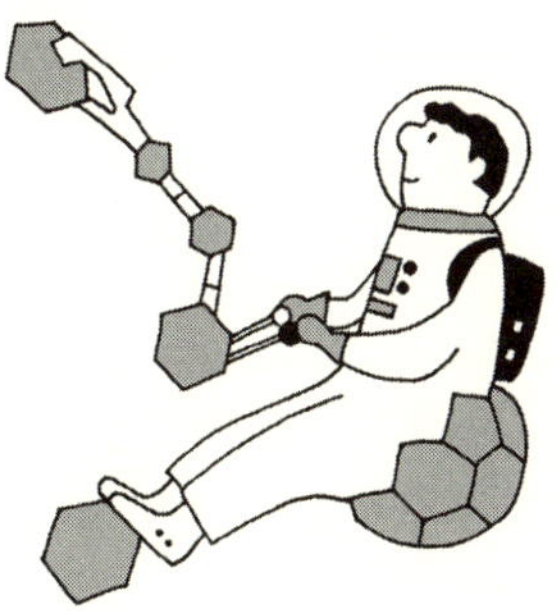

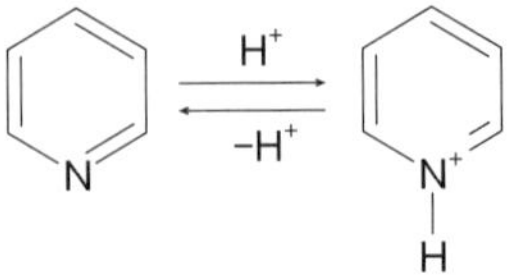

ピリジン（左）と、水素イオンの結びついたピリジニウムイオン（右）

炭素だけが主役じゃない

ここまで、炭素から成る芳香族化合物をたくさん紹介してきました。しかし、芳香環を作るのは、何も炭素だけの専売特許ではありません。たとえば、周期表で炭素の隣に位置する窒素なども、芳香環の重要な構成要素になりえます。こうした炭素・水素以外の元素を「ヘテロ原子」（「ヘテロ」は「異なる」を意味するギリシャ語から）、ヘテロ元素を含む環を「複素環」あるいは「ヘテロ環」と称します。

たとえばピリジンは、ベンゼンの環を作る6つのCHのうち、ひとつを窒素に置き換えたものです。この窒素は非共有電子対を持っており、これが水素イオンと結合するため、ピリジンは弱い塩基性（アルカリ性）を示します。これは、アンモニア（NH_3）が塩基性を示すのと全く同じ理屈です。また、ピリジンは多くの有機化合物をよく溶かすため、有機合成実験ではよく用いられる化合物です。

窒素の非共有電子対は、水の水素原子とも水素結合するため、ピリジンは水にもよく溶けます。ベンゼンが、水にはほとんど溶解しないのとは対

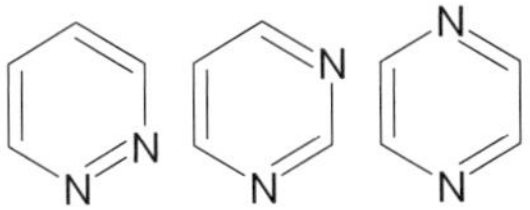

左からピリダジン、ピリミジン、ピラジン

照的です。このように、原子ひとつが置き換わっただけで、分子の性質が大きく変わってしまうことは珍しくありません。

　また、ピリジンは芳香族の名前に反し、非常な悪臭があります。何の臭いかと言われても、ピリジンの臭いとしか答えようがないのですが、少しでも白衣につくとやりきれなくなるくらいのきつい臭気です。これに限らず、窒素やイオウを含む物質には、悪臭を放つものが多いのです。筆者が大学4年で、初めて研究室に入ってこの臭いを嗅いだ時、「構造式を描くだけの座学とは違う、これが研究の現場か」と感じたことを、妙によく覚えています。

　窒素を2つ以上含んだヘテロ環もあります。2つの窒素を含んだ6員環は、3通りが考えられます。これらはそれぞれ、ピリダジン、ピリミジン、ピラジンという名がついています。紛らわしい名前ばかりで困りますが、こういう名称をきちんと覚えておくのも、化学屋の仕事の一部ではあります（それぞれ1，2-ジアジン、1，3-ジアジン、1，4-ジアジンという統一的な名称もあります。先頭の数字はヘテロ原子の位置関係を示し、「ジ」は2、「アジ」は窒素を意味します）。

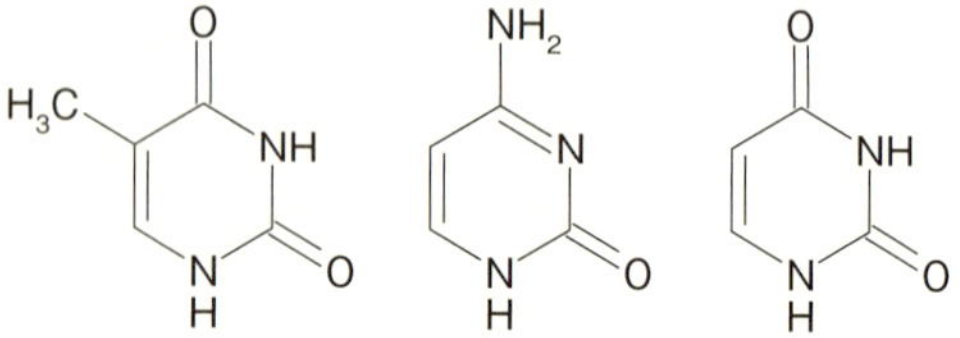

左からチミン（T）、シトシン（C）、ウラシル（U）

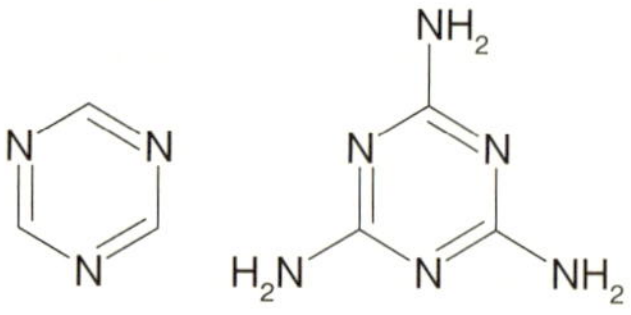

トリアジン（左）とメラミン（右）

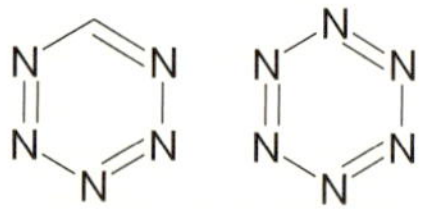

ペンタジン（左）とヘキサジン（右）

このうちピリミジンは、我々の体内で重要な役割を演じています。DNAを構成する４つの核酸塩基のうち、チミンとシトシン（RNAではウラシルとシトシン）は、ピリミジン骨格を持っているのです。人類のみならず、あらゆる生きとし生けるものの遺伝情報の半分は、ピリミジンの仲間が受け持っているということになります。

窒素を３つ、あるいは４つ含んだ芳香環も存在します。たとえば、メラミン樹脂や接着剤などに使われるメラミンは、窒素を３つ含んだ環（トリアジン）を骨格として持ちます。しかしこうして窒素が増えていくと、化合物としては不安定になってゆくことが知られています。

これは、窒素の持つ非共有電子対同士が反発し合うのが原因です。窒素5つを含むペンタジン（CHN_5）、窒素6つから成るヘキサジン（N_6）は、今のところ合成の報告例がありません。

炭素のないベンゼン

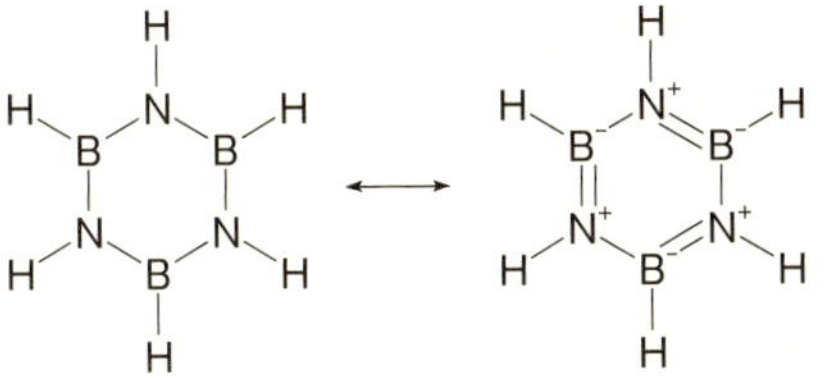

ボラジンの構造

中性の炭素と異なり、窒素がたくさん含まれているとお互いにケンカしてしまい、せっかくのハーモニーがかき消されてしまいます。では、その窒素の性質をうまく「中和」してやれば、安定な芳香環ができるのではないかと考えられます。すなわち、炭素より電子をひとつ余計に持つ窒素と、炭素より電子の持ち合わせがひとつ少ないホウ素を交互につなぎ、環を作ってやるのです。

この分子は「ボラジン」と呼ばれます。窒素が隣接するホウ素に電子をひとつ渡せば、ベンゼンと全く同じ電子配置になるため、芳香族性を示します。このためボラジンには「無機ベンゼン」の別名があります。ボラジンは、窒素とホウ素が単結合で結ばれた上図左のような構造と、電子が窒素からホウ素へ移動してベンゼン型の電子配置になった上図右の構造との共鳴構造をとっていると考えられます。

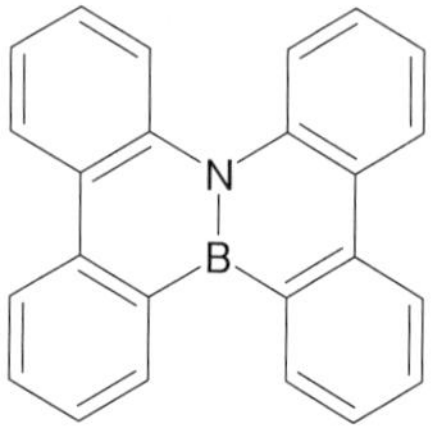

ホウ素と窒素を組み込んだ有機EL材料の例

ただし、ボラジン分子は窒素がプラスに、ホウ素がマイナスに傾いています。こうした電荷の偏りがありますので、ベンゼンとはだいぶ異なる部分もあります。たとえばボラジンは、水やアルコールと反応し、付加体を作ってしまうのです。

こうしたホウ素と窒素による電荷の偏りをうまく分子設計に組み込み、新たな機能を引き出す試みも行なわれています。たとえば畠山琢次博士（関西学院大学）のグループでは、多環式芳香族化合物に窒素とホウ素を組み込み、有機EL材料を開発しています。コンピュータによる理論計算と、実際に化合物を合成して試行錯誤を繰り返すことにより、新しい優れた物質が次々に生まれています。こうして元素の性質と構造を組み合わせ、今までなかった性質を引き出すことは、化学者にとっての大きな醍醐味のひとつです。

5員環の芳香族

さてここまで、6π電子系を持つ、六角形の化合物をたくさんお目にかけてきました。本書のサブタイトルも、「世界は六角形でできている」です。しかし第4章で述べた通り、何も芳香族は6員環の専売特許ではありません。5員環や7員環の芳香族化合物も、たくさん存在しています。

たとえば、5員環にひとつのヘテロ原子と、2本の二重結合を含んだ化合物は、古くから知られていました。酸素を含むものはフラン、窒素を含むものはピロール、イオウを含むものはチオフェンの名で呼ばれます。そしてこれらは、ベンゼンほどではないものの、かなり高い安定性を示すことがわかっています。またこれらは、芳香族化合物に特有の反応（フリーデル・クラフツ反応など、133ページで後述）をも受け付けます。

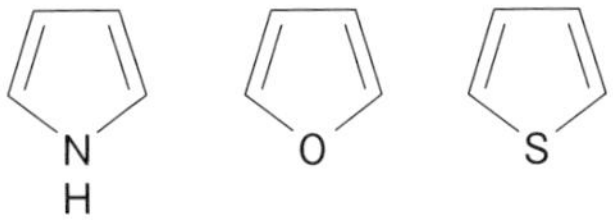

左からピロール、フラン、チオフェン

もうひとつ、ヘテロ原子の性質も変化します。たとえばピロールの窒素は、ピリジンの窒素と違い、塩基性を示さない――すなわち、水素イオンが結合しにくいのです（非常に強い酸で処理すると、ピロールは分解してしまいます）。同じ窒素原子でありながら、組み込まれている環の構造によって、両者はまるで別物のように振る舞うのです。

この謎は、やはり量子力学の進展によって解かれました。これらのヘテロ環では、窒素などヘテロ原子が電子を2つ提供し、4つの炭素と合わせて6π電子系を作っていたのです。環を作る原子は5つでも、電子が6つなら芳香環が成立するとは、先にも述べた通りです。

ピロールの窒素が塩基性を示さないのは、窒素の持つ2電子が環の方に取られているため、水素イオンと結び付けないためです。一方、6員環であるピリジンの窒素は、1電子しか環に供出していないため、水素イオンを捕まえる余裕があるわけです。

これらヘテロ環は、自然界にもさまざまな形で存在し、たとえば石油の成分にもピロールやチオフェンが含まれています。2018年には、火星の岩石にもチオフェンの仲間が含まれていることが報告されました。

こうした、ある程度複雑な化合物の存在は、生命活動の痕跡なのではないかとする声もあります。現段階で「火星に生命がいる」と決めつけるのは早計でしょうが、興味深い結果には違いありません。

アゾールの世界

これら5員環のヘテロ環には、多くのバリエーションが存在します。たとえば、環を構成するC-H単位を、窒素に置き換えたものなどで、「アゾール類」と総称されます。これらの窒素原子は、ピロールの窒素よりも、ピリジンの窒素に近い性質を示します。

このうちイミダゾールはちょっと面白い存在で、3位の窒素原子に水素イオンが結びつくと、全体が対称的な構造になります。いわば、水素イオンの陽電荷を2つの窒素で分散して受け持ち、安定化できるのです。これも、共鳴安定化の一種です。

（注）５員環のヘテロ芳香環で原子の位置を区別して呼ぶために、１位～５位という表記が用いられる。フラン・ピロール・チオフェンでは、ヘテロ原子を１位とし、その隣が２位、３位……とつけられる。番号の振り方は右回りと左回りの２通り考えられるが、数字が最小になる方を選ぶ。下の図は２-メチルフランであり、５-メチルフランにはならない。

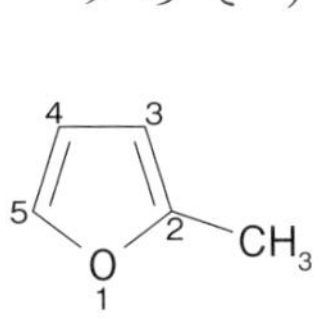

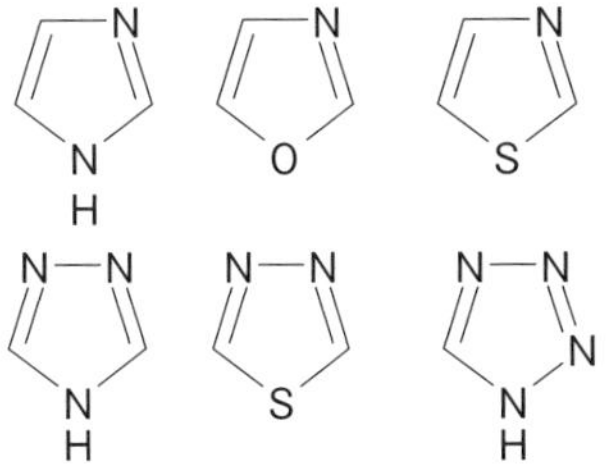

上段左から、イミダゾール、オキサゾール、チアゾール、下段左から1,3,4-トリアゾール、1,3,4-チアジアゾール、テトラゾール

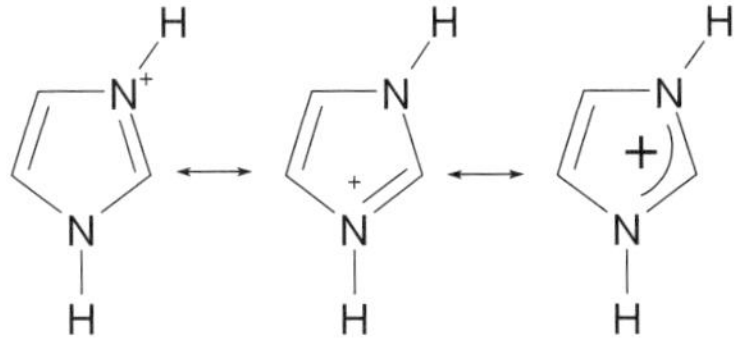

イミダゾールと水素イオンの結合

ペンタゾール陰イオン

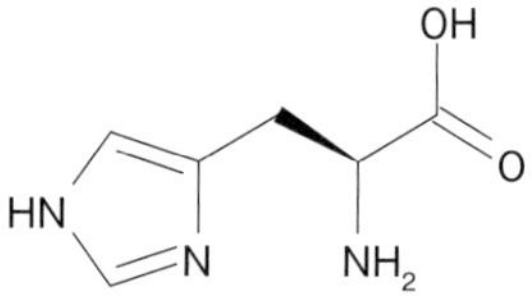

ヒスチジン

この他にも、イミダゾールは陽イオンを受け取りやすく、それを他の分子に受け渡すことも容易に行なえます。このため、イミダゾールは合成実験において、触媒としてよく利用されます。

そしてこの性質は、生体内でも生かされています。タンパク質を構成する20種類のアミノ酸のうち、ヒスチジンはイミダゾール環を持っており、さまざまな反応に活用されています。ヒスチジンは20種類のアミノ酸のうち最も存在量が少ないアミノ酸ですが、欠かせない役割を背負っているのです。

アジン類と同様、５員環のヘテロ環でも、窒素をたくさん含むものは不安定になります。窒素だけでできた５員環であるペンタゾールは、長らく幻の化合物であり続けましたが、２０１７年に中国・南京理工大学のチームが、初めてペンタゾール陰イオンの純粋な分離に成功しました。

しかし、こうした窒素をたくさん含んだ化合物の合成は、一部で盛んに研究されています。これは、こうした化合物が優れた爆薬に結びつくためです。窒素が多く不安定な化合物は、分解する際に大きなエネルギーを放出する上、窒素ガスなどの気体が多量に発生するため一挙に体積が膨張し、大きな爆発を引き起こすのです。

これを利用し、たとえばテトラゾール骨格を含む化合物には、エアバッグをふくらませる火薬として用いられるものがあります。一方で、大きな事故にもつながりうる化合物群なので、取り扱いには注意が必要です。

多芸多才なインドール

また、これら5員環の芳香環同士、あるいはベンゼン環などと縮環（60ページ参照）した形のものも、たくさん知られています。ベンゼン環と縮環しているものには、接頭語として「ベンゾ」あるいは「ベンズ」がつくことになっています。

ただし、ベンゼン環とピロール環が縮環した化合物は、ふつうベンゾピロールとは呼ばず、インドールという固有名で呼ばれます。このインドールは、ベンゾフランやベンゾチオフェンなどと比べ、自然界でずっと多く見られる骨格です。

というのは、タンパク質を構成する20種類のアミノ酸のひとつであるトリプトファンが、このインドール骨格を含んでいるのです。このため、あらゆる生物の体内には、多量のトリプトファンが蓄えられています。

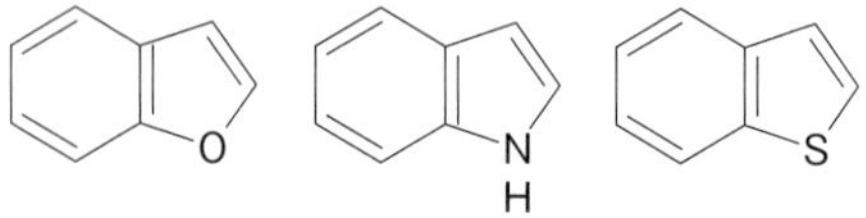

ベンゾフラン、インドール、ベンゾチオフェン

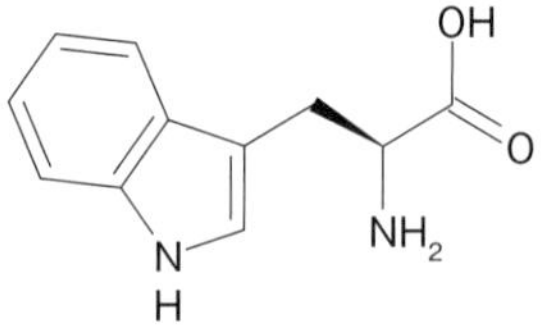

トリプトファン

自然のたくみの奥の深さはここからです。生体は、せっかく作ったトリプトファンを無駄にせず、ここからさまざまな化合物を作り出しているのです。たとえば概日リズム（いわゆる体内時計）に関係するホルモンであるセロトニンやメラトニン、植物の生育に関わるインドール酢酸などの重要な化合物がここから作り出されます。

植物にも、トリプトファンを元に複雑な化合物を作り出すものがあります。これらの中には、古典的推理小説によく登場する猛毒ストリキニーネ、強烈な幻覚剤ＬＳＤの原料となるリゼルグ酸、ある種のキノコに含まれ、やはり幻覚作用を持つシロシビンなど、強い生理作用を持つものが少なくありません。

これらの作用は、先に挙げたホルモン分子に構造が似ていることが原因です。本来、体内で作られるホルモン分子が結合すべきタンパク質（受容体）にこれらの分子が結合し、本来のはたらきを邪魔し、あるいは混乱させてし

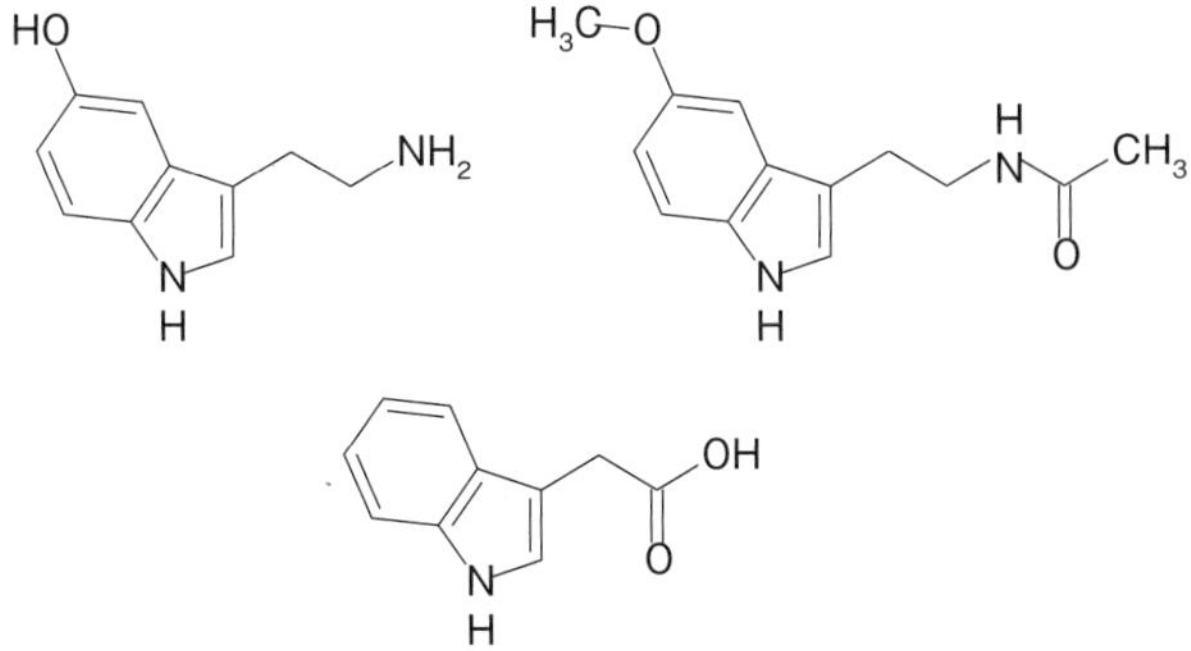

セロトニン（左）とメラトニン（右）、インドール酢酸（下）

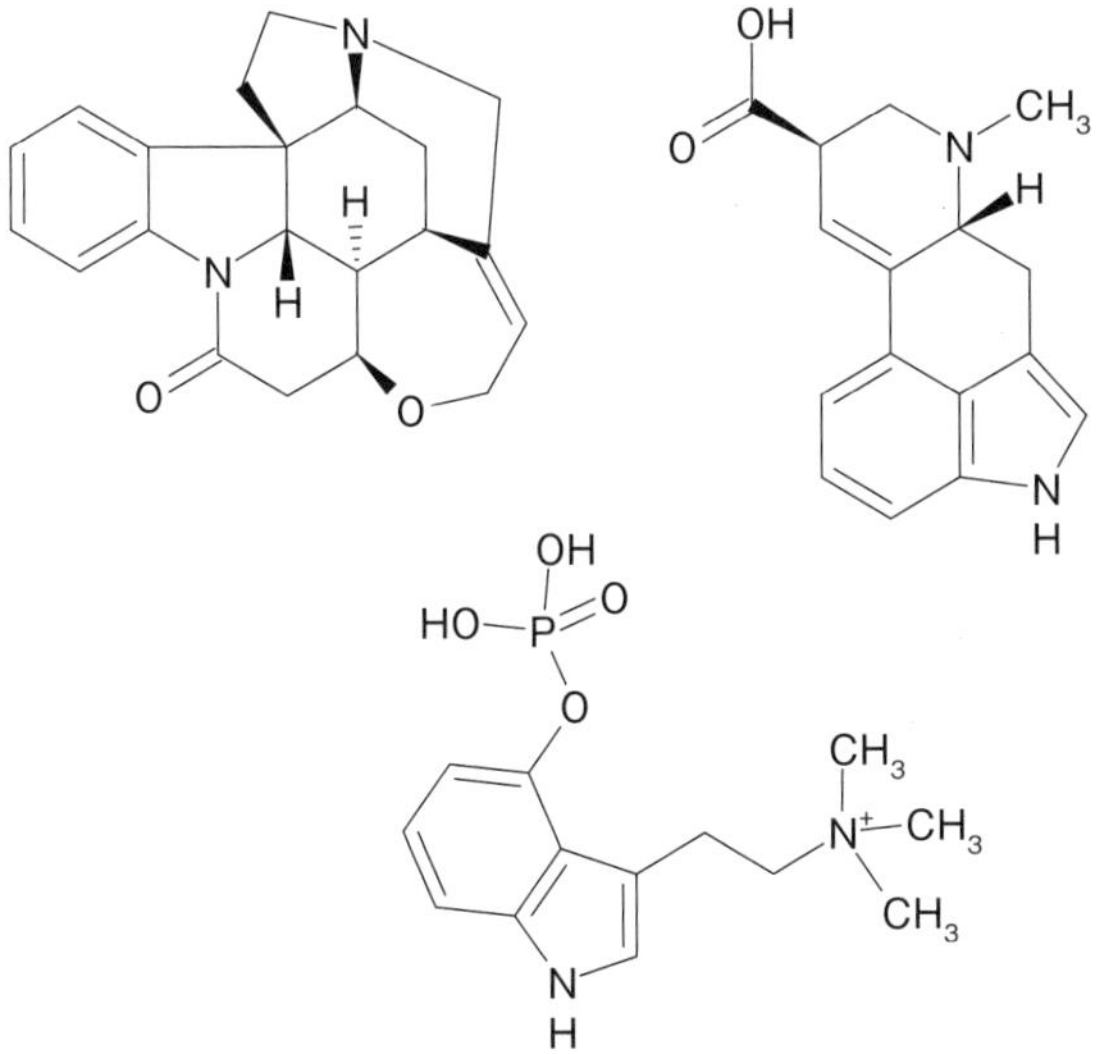

ストリキニーネ（左）、リゼルグ酸（右）、シロシビン（下）

というわけで、インドメタシンは、インドール→インディゴ→インドとずいぶん遠回りではありますが、確かにインドと関係していました。まあどうでもいいような話ではありますが、こうしたことを調べてみると、命名に込められたロマンのようなものに触れられ、なかなか楽しいものです。

インドールそのものも自然界に存在します。先ほど、やはり窒素を含んだピリジンは悪臭があるといいましたが、インドールはなんと糞便臭を持ちます。実際、大便の臭気にはインドールやスカトールが含まれていることがわかっています。

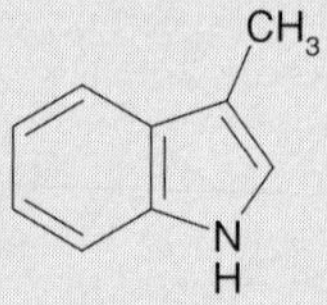

スカトール

意外なことに、インドールは薄めるとよい香りになり、ジャスミンなどの花の香り成分ともなっています。香水などにもインドールを使っているものがあるとのことで、香りの世界は何とも不思議です。

COLUMN

インドとインドメタシン

テレビのCMなどで、インドメタシンという薬の名前を聞いたことがあると思います。以前、筆者は友人から「あの名前はどこから来てるの？　インドと関係あるの？」と訊かれたことがあります。インドメタシンはアメリカのメルク社が創った化合物だから、インドとは関係ないと思う、とその時は答えたのですが、気になったので一応調べてみました。

インドメタシンは下図左のような構造であり、インドールを中心骨格に持っています。名称はここから来ているのでしょう。やはりインドとは関係なかったか……と思ったのですが、さらに調べてみると、インドールは、藍染の色素である「インディゴ」（下図右）を分解して得られたためこの名がつけられたことがわかりました。そしてインディゴの名は、古代のギリシャが藍染の染料をインドから輸入していたことに由来していたのです。

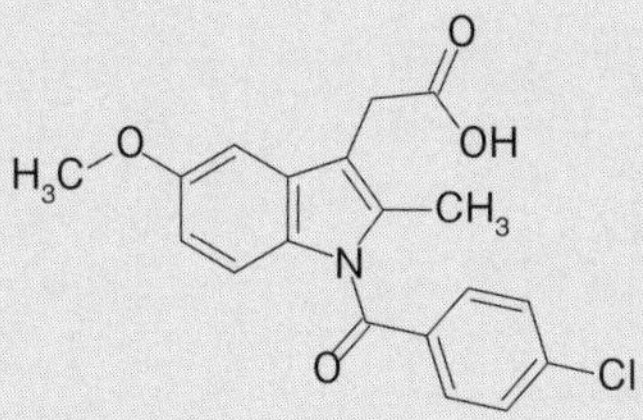

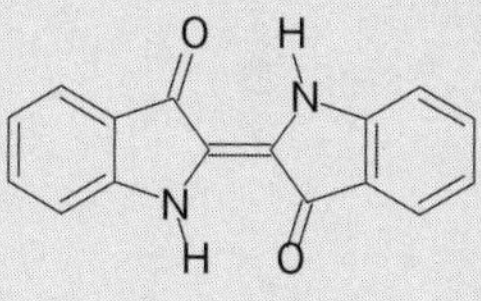

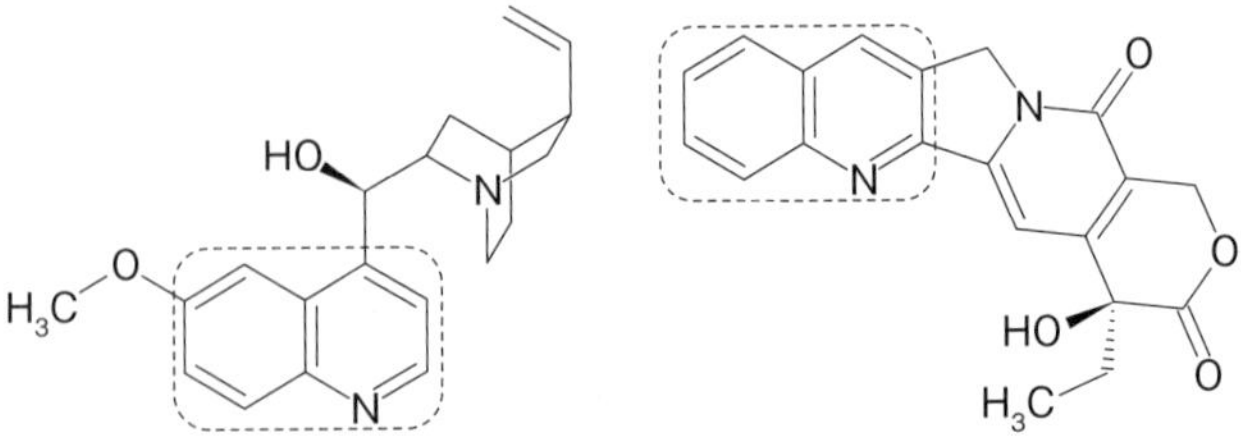

キニーネ（左）とカンプトテシン（右）。枠内がキノリン環

まうのです。

また、マラリアの特効薬であるキニーネ、抗がん剤カンプトテシンなども、やはりトリプトファンから生合成されます。これらは、インドール環がいったん壊れ、キノリン環へ再構築されることで生まれた化合物です。

生命のシステムを支えるプリン

5員環と6員環の縮環したヘテロ環のうち、インドールと並ぶスターといえるのが、プリン骨格でしょう。英語では「purine」と書き、「ピューリン」に近い発音です。上図のように、炭素5つと窒素4つから成る化合物を指します。

この化合物の名は、日常よく耳にしていることと思います。発泡酒などのCMで「プリン体○%カット」とよく宣伝されているからです。プリン体、すなわちこのプリン骨格を持った化合物が代謝を受けると、水に溶けにくい尿酸という物質になり、これが関節などにたまって炎症を引き起こします。これがいわゆる痛風で、「風が吹いても痛い」ほどの症状から名付けられました。

ちなみにプリン（purine）という言葉は、尿から得られた尿酸を還元して得られたため、ラテン語で「純粋な」という意味の「purum」と「尿」を表す「uricum」を合わせて作られたものです。単なるおしっこの成分にとどまらない、重要な物質群であることがわかるのは、ずっとあとのことです。

たとえば、DNAの遺伝情報を担う核酸塩基のうちアデニン（A）とグアニン（G）は、このプリン骨格を持っています。先ほど述べたピリミジン骨格の塩基と水素結合によって結びついてペアを作り、これが積み上がるように並ぶことで、あのDNAの二重らせんが出来上がります。

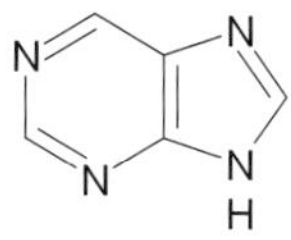

プリン

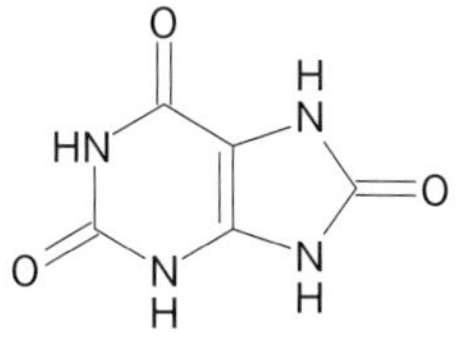

尿酸

DNAの構造を仔細に見ると、全てが完璧に仕上がっている、といつも感心させられます。美しい化合物は数多ありますが、造形として、また機能としてこれ以上のものは見当たらず、自然界の最高傑作であると感じます。

その他プリン骨格は、体内でエネルギーの運搬役となるアデノシン三リン酸（ATP）、生体における情報伝達に関わる環状アデノシン一リン酸

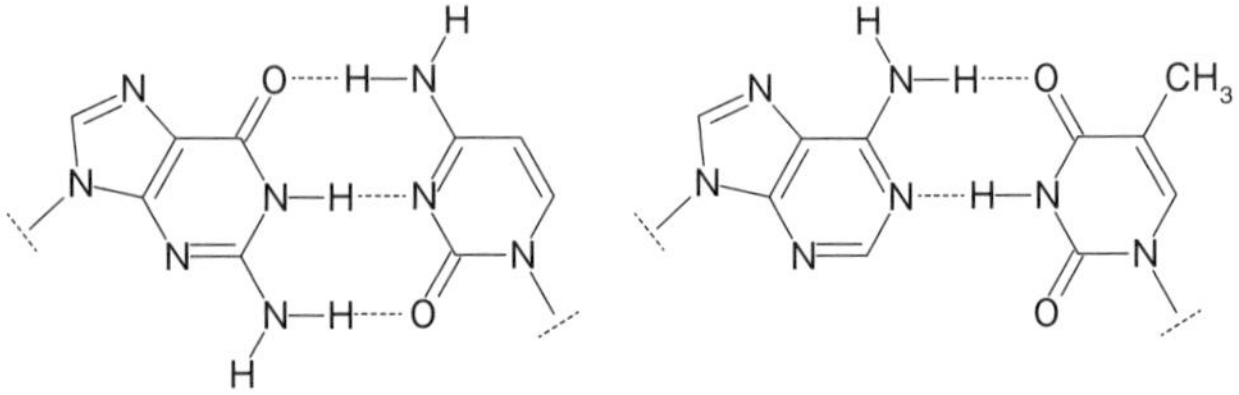

グアニン－シトシンのペア（左）、アデニン－チミンのペア（右）

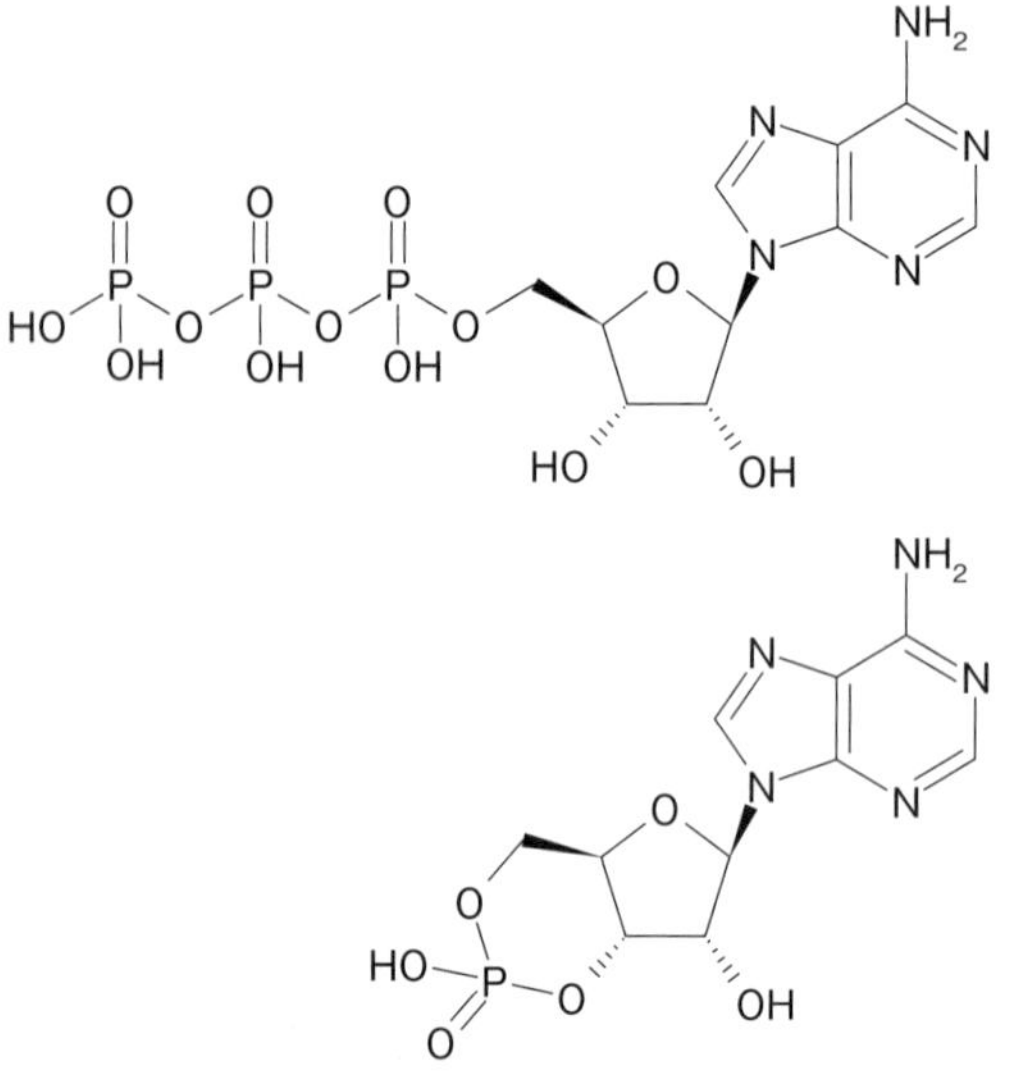

アデノシン三リン酸（上）と環状アデノシン一リン酸（下）

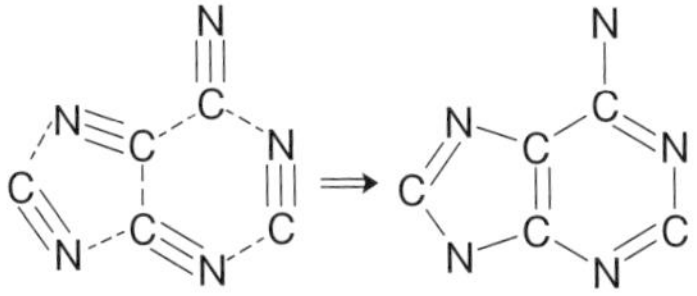

シアン化水素５分子からアデニンが出来上がる

（cAMP）など、生命の働きに欠かせない化合物群に含まれています。

なぜプリンは、生命にとってかくも重要な存在なのか？　生命を作る材料であるからには、プリンは生命の誕生以前から地球上に存在していたはずです。実はプリン骨格は、極めて簡単な分子からできてしまうことがわかっています。シアン化水素（HCN、いわゆる青酸ガス）とアンモニアを高熱高圧の下で反応させると、一挙にアデニンが出来上がってしまうのです。

もちろん、現在我々の体内にあるプリンは、シアン化水素から作られているわけではありません。しかしプリン骨格そのものは、数十億年昔に灼熱の地球で作り出されたアデニンの構造を、今もそのまま受け継いでいるというわけです。

ヘテロ環は医薬の源泉

ヘテロ環の応用として、最も重要なのは医薬品分野でしょう。過去から現在に至るまで、ヘテロ環を含んだ合成医薬品は数多く登場しており、ベストセラーになっているものも少なくありません。風邪薬や花粉症の薬にもこうしたものがありますから、誰しも何度かはヘテロ環のお世話になっているはずです。

なぜヘテロ環はこうも医薬と相性がよいのでしょうか？　理由はいくつかありますが、ひとつはヘテロ環がしっかりした構造だからです。ベンゼンと同じく、ヘテロ環は芳香族性を持つため平面的で硬く、変形しにくい性質があります。

医薬品は、細胞膜などを通り抜け、標的となるタンパク質に結合してその作用を調節することで効果を表します。たとえば、血圧を上げるスイッチとなるタンパク質に結びつき、スイッチが入らないようにする分子は、降圧剤になりえます。

分子がにょろにょろとうごめいていたのでは、膜を通過しにくく、タンパク質にもしっかり結びつけません。しっかりした構造のヘテロ環は、この点で有利です。また医薬品は、ある程度水に溶けねば体内ではたらくことはできませんので、ベンゼン環に比べて相対的に水溶性の高いヘテロ環は有利といえます。また構成元素や結合させる原子団を適当に変化させることで、水溶性や脂溶性など望みの性質を持たせることも、比較的容易です。

また、体内で瞬時に分解されるような不安定な化合物では、医薬品は務まりません。この点、ヘテロ環は十分な安定性を持っているものが多く、医薬品として好適です。というわけで、製薬企業の研究者にとっては、ヘテロ環の化学は非常に重要なテーマとなります。また、近年大いに

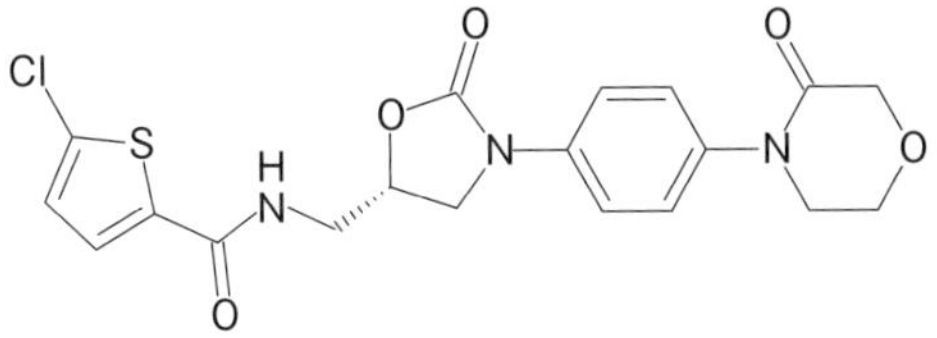

抗血液凝固剤リバーロキサバン

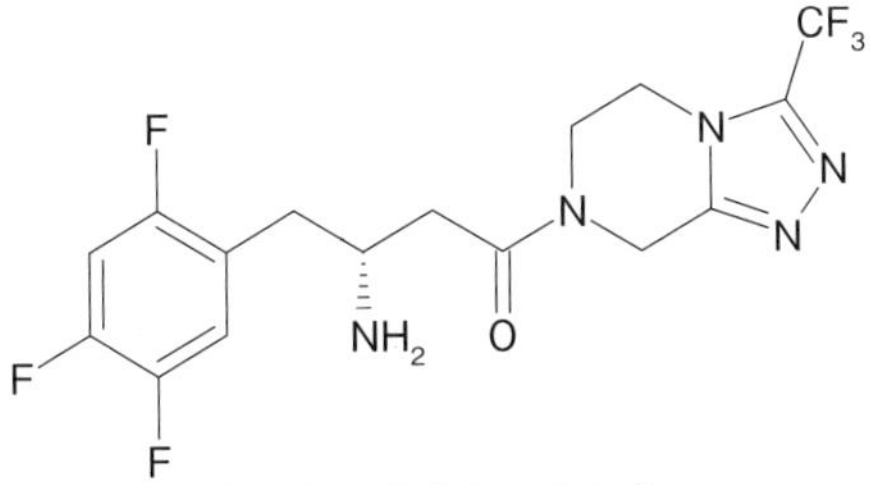

糖尿病治療薬シタグリプチン

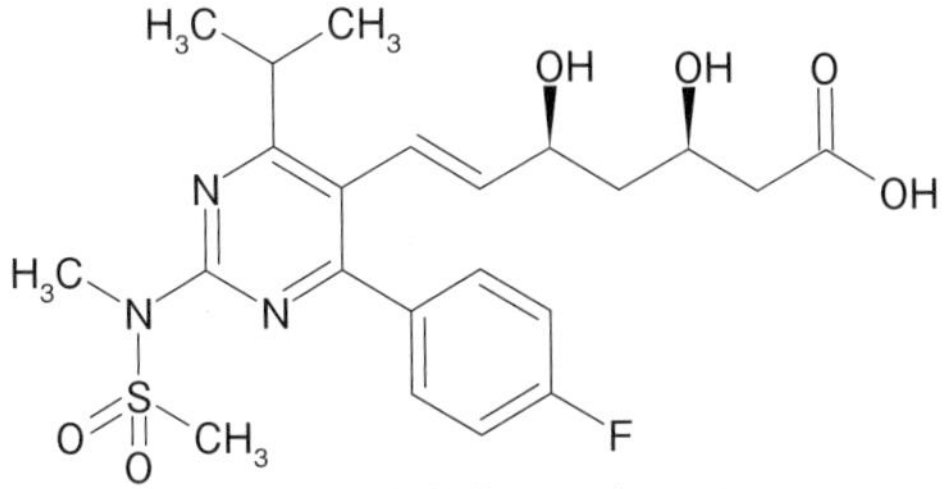

高脂血症治療薬ロスバスタチン

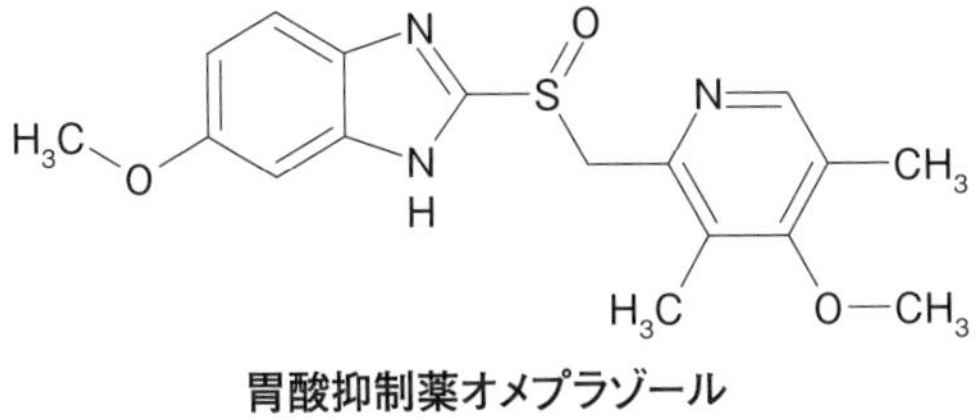

胃酸抑制薬オメプラゾール

授が合成した「ジリチオプルンボール」と呼ばれる化合物でしょう。やけに長い名前ですが、「ジリチオ」というのはリチウムイオン2つ、「プルンボール」というのは鉛原子を含んだ5員環を示す名称です。

「合成した」と書くのは簡単ですが、鉛を含んだ有機化合物は今まで例が少ないので、合成法も確立されていません。いわば、何もないところに道を切り拓きながら、あるかないかわからない頂上を目指す登山のようなものといえるでしょう。

こうしてジリチオプルンボールは2010年に初めて作り出され、その成果は科学誌の最高峰である『サイエンス』誌に掲載されるなど、大きな話題を呼びました。さまざまなデータから、ジリチオプルンボールは平面構造をとり、確かに芳香族性を示すことが明らかになっています。

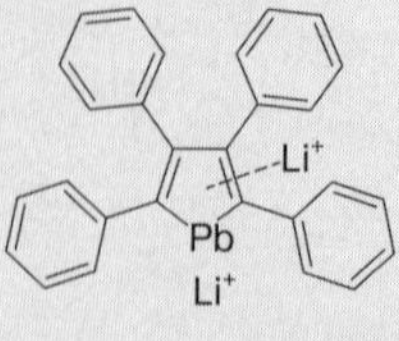

合成されたジリチオプルンボールの構造。中央の5員環がプルンボール環。リチウムイオンは環上に一つ、離れたところにもう一つ存在する

ジリチオプルンボール自体は、今すぐ何かの役に立つわけではありません。しかしその研究の過程で、今まで未知であった鉛化合物のさまざまな性質が明らかになり、他の元素との差も見えてきました。これは、化学の世界にとって極めて大きな収穫です。他の世界と同様、極限に挑むことでしか見えてこないことが、やはり化学にもあるのです。

COLUMN

芳香族の極限に挑む

ヘテロ原子にも、小さなものから大きなものまでさまざまな種類があります。大きなヘテロ原子ももちろん炭素や酸素と同じように互いに結びつき、化合物を作り出します。ただし、小さな元素とは異なる点もあります。大きな元素（周期表の第3周期以降）はほとんどが単結合で結びつき、二重結合や三重結合を作りにくいのです。

これは、大きな原子では原子同士の結合距離が長くなり、π電子の重なりが小さいため、π結合を作りにくいためと考えられます。たとえば、炭素－炭素多重結合は十分に安定ですが、炭素の兄貴分に当たるケイ素では、二重結合（Si=Si）や三重結合（Si≡Si）を作ることは非常に困難です。

ヘテロ環の場合でも、イオウを含むチオフェンやチアゾールなどは例外的に安定ですが、第3周期以降の元素を含むものは一般に不安定です。たとえばリンを含む5員環化合物ホスホールは、非常に弱い芳香族性しか示さないことがわかっています。リンの親類筋に当たる、窒素を含んだ環（ピロール）とは、だいぶ性質が異なっています。

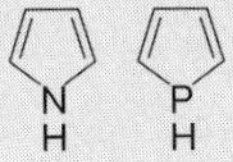

ピロール（左）とホスホール（右）

しかしそうなると、いったいどこまで大きな元素を組み込むことができるのか、チャレンジしたくなるのが化学者というものです。これまでさまざまな化合物が作り出されていますが、この分野のチャンピオンといえるのは、埼玉大学の斎藤雅一教発展している有機エレクトロニクス分野でも、ヘテロ環は重要な役割を果たしますが、これは章を改めて書くこととしましょう。

第6章

巨大な芳香環

ポルフィリンの世界

生命の色素

前章で、5員環のヘテロ環をいくつか紹介しました。こうしたヘテロ環をたくさんつないだような、大型の芳香環も存在します。ポルフィリンは、中でも最も重要な化合物です。次ページ上の図のように、ピロール（窒素を含む5員環）が炭素を介して4つ環につながった、大きな正方形の分子です（正確には、置換基がついていない分子を「ポルフィン」、各種置換基がついた化合物群を「ポルフィリン」と称します）。

ベンゼンの場合と同じように、π電子は非局在化して環全体に広がっており、単結合と二重結合が図の通りに固定化しているわけではありません。図の点線で囲んだ箇所を目で追っていくと、全体が18π電子系になっていることがわかります。これは、（4n＋2）電子が環をなした時に芳香族性を示す（n＝4のケース）というヒュッケル則に当てはまっています。このため、ポルフィリン環は芳香族化合物の一員であり、非常に安定です。

ポルフィリンは強烈な紫色で、ほんのわずか薄くフラスコにこびりついていても、はっきり色がわかるほど鮮やかに発色します。ポルフィリンという名前自体も、ギリシャ語の「貝紫」から来ています。

ポルフィリンは一見するとずいぶん複雑な構造ですが、ピロールとアルデヒドを酸性条件下で加熱することで、一挙に作り出すことが可能です。他にもさまざまな合成法が工夫されており、ほしい構造が創り出せるようになっています。

ポルフィリンの構造の特徴は、中央に向いた窒素原子4つにあります。これらの窒素原子は、各種の金属イオンを中央にしっかりと捕まえ、「錯体」を形成します。この美しい構造は、生体内でもさまざまに活躍しています。たとえば、ポルフィリン骨格の中央に鉄イオンが結合した「ヘム」は、血液中で酸素を運ぶ他、ミトコンドリア内で酸化や還元反応にも主要な役割を果たす働き者の分子です。血液が赤い色に見えるのは、このヘム鉄の色です。

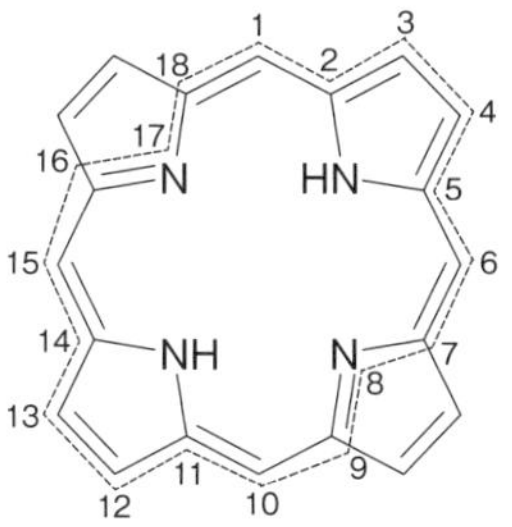

ポルフィン

また、植物の体内でもポルフィリンの骨格は欠かせない役割を負っています。葉緑体に存在するクロロフィルは、ポルフィリン環に似た骨格の中心にマグネシウムが結合した構造です。この部分が吸収した光のエネルギーが、光合成に用いられています。そしてこのクロロフィルは赤と青の光を吸収し、緑をはね返すため、植物は緑に色づいて見えます。植物は光合成によって体を作り、動物はそれを食べてエネルギー源としていることを思えば、このクロロフィルこそが地球を緑の惑星、生命の惑星たらしめている物質といえるでしょう。その他、ビタミン

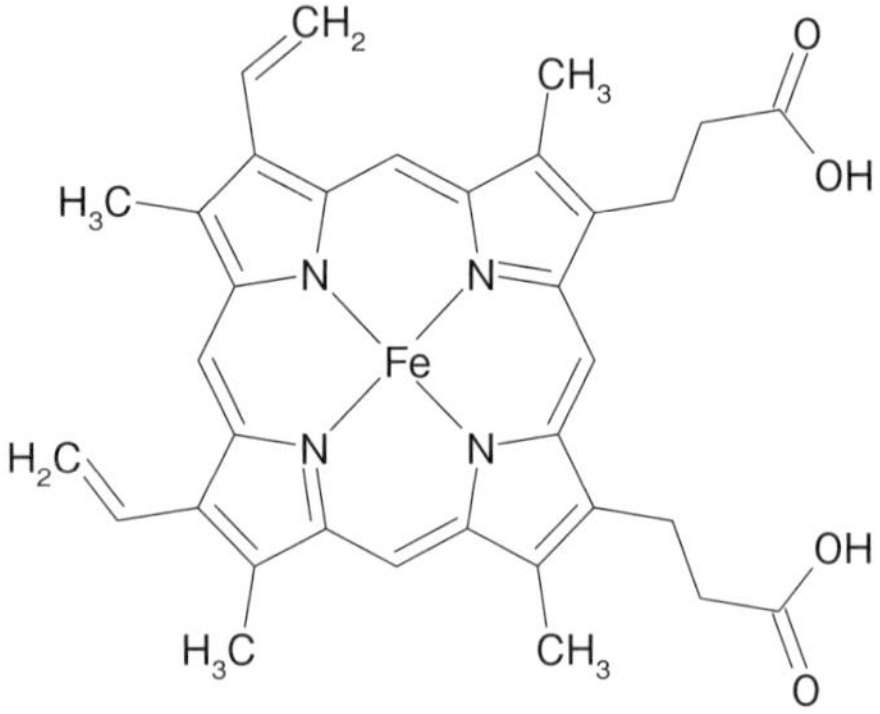
CH2
CH3
O
OH
H3C
N
N
Fe
H2C
N
N
OH
H3C
CH3
O

ヘム

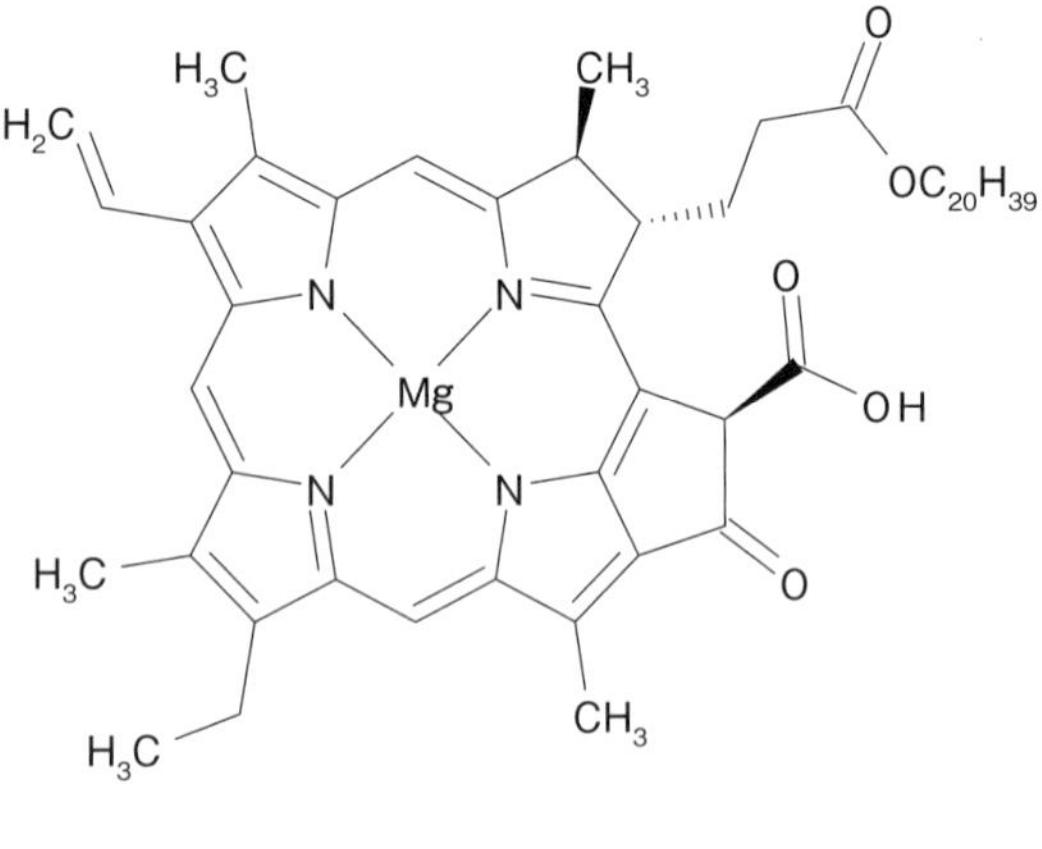
O
H3C
CH3
H2C
OC20H39
O
N
N
Mg
OH
N
N
H3C
O
H3C
CH3

クロロフィルa

B_{12}も、ポルフィリンに似た骨格の中心にコバルト原子を抱えた構造です。

生物の主要な部分はタンパク質でできており、多くの化学反応を司っています。わずか20種類のアミノ酸の組み合わせで極めて多彩な反応を行なっていることは驚きですが、やはりタンパク質だけではできないこともあります。特に電子の受け渡し（酸化還元）の過程は、金属イオンの助けを借りなければうまくいかないことがたくさんあります。

ポルフィリン環は、この金属イオンをしっかりと保持しつつ、電子を金属に与えることでその反応性を調節しています。こうした仕掛けにより、タンパク質だけではどうしても不可能な反応を実現しているわけです。動物と植物がそれぞれ編み出した素晴らしい仕組みに、同じポルフィリンが使われているところに、自然の奥の深さを感じます。

産業の青・フタロシアニン

ポルフィリンはそのユニークな性質に興味が持たれて幅広く研究が進められており、一大ジャンルを成しています。合成法も数々開発されており、これまでにバリエーションも豊富に創り出されています。

フタロシアニン類は、中でも身近で広く用いられているもののひとつでしょう。次ページ上の図のような構造で、4つのベンゼン環が縮環していること、ピロール単位同士をつないでいるの

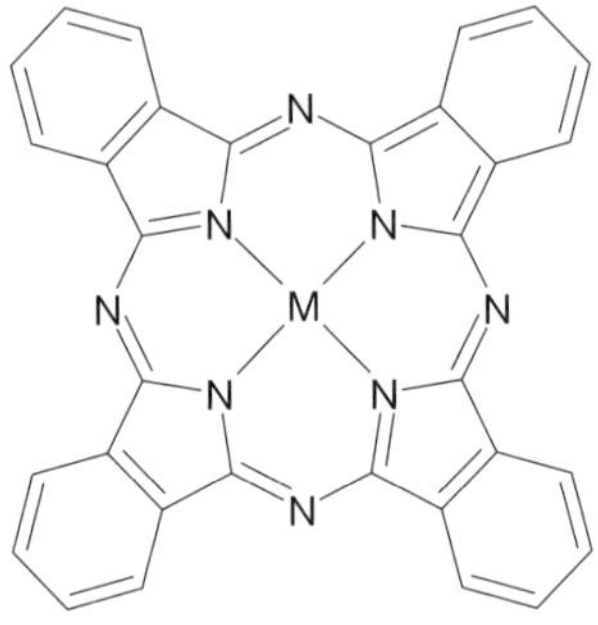

フタロシアニン（Mは金属原子を表す）

が炭素（CH）ではなく窒素であるところが、ポルフィリンとの違いです。フタロシアニンは、１９２８年にイギリスの染料会社で、フタル酸とアンモニアからフタルイミドを合成しようとしていた際に、たまたま青色の結晶ができていたことで発見された化合物です。鉄の容器から溶け出したイオンが作用して、偶然にこの骨格が出来上がったのです。

　この発見がもたらした影響は、非常に大きなものでした。たとえば中心に銅イオンを持ったフタロシアニンは鮮やかな青色を発し、長期間紫外線を浴びてもほとんど分解しません。また、安価に合成できて水にも溶けませんので、青色の顔料として広く用いられます。新幹線の車体や、道路標識の青色はこのフタロシアニンブルーの色です。

　また、構造を少し変えることで発色を変えることも可能です。たとえばフタロシアニンの持つ4つのベンゼン環に、それぞれ4つずつの塩素を取り付けたものは、緑色の顔料になります。こうして性質をファインチューニングできるのも、フタロシアニン類の大きな利点です。

　もし、江戸時代の人を現代に連れてきたとしたら、真っ先に驚くのはおそらく、街や生活空間が鮮やかな色彩で溢れ返っていることではないかと思います。かつては非常に貴重であった色素は、今や極めて安価に美しいものが手に入ります。フタロシアニンも、そうした暮らしに大きく貢献しています。ポルフィリンが生命の色素なら、フタロシアニンは人工の色素、産業の色素と呼べるでしょう。

また、フタロシアニンを太陽電池へ応用する研究も行なわれています。後の章で詳しく述べますが、色素に色がついて見えるのは、色素分子が光のエネルギーを吸収して電子が飛び出すためです。この飛び出した電子を、酸化チタンという物質に受け取らせ、回路に流し込むことで電流を生み出す──すなわち発電するという仕組みです。これは色素増感太陽電池、あるいは開発者マイケル・グレッツェルの名をとってグレッツェルセルとも呼ばれます。

可視光線を効率よく吸収し、電子を放出したあとの状態（ラジカルカチオンといいます）が比較的安定で、電子を受け取って元の状態に戻りやすい──これらの条件を備えたフタロシアニンは、色素増感太陽電池にぴったりなのです。製造コストが低く、形状をフレキシブルに変えられる色素増感太陽電池は、これからの実用化が大いに期待されるデバイスのひとつです。

拡大するポルフィリンの世界

ポルフィリンもまた、光電子材料などとして幅広く研究が進められています。たとえば、フタロシアニンと同様、色素増感太陽電池の材料として研究されていますし、白金を中心に持ったポルフィリンなど、有機EL材料としての応用が進んでいるものもあります。ポルフィリンは内部に取り込む金属の種類によっても性質が変化しますし、周囲に結合している置換基によっても変わります。このため、さまざまな類縁体を作り出す方法が数々編み出されており、そのバリエーションは日々増加しつつあります。

たとえば、ピロール単位の数が増えたものが創り出されています。左ページにあるものは、それぞれサフィリン、ルビリン、トゥルカサリンの名が与えられています。これらは、それぞれ青、赤、青緑色に見えるため、サファイア、ルビー、トルコ石になぞらえて命名されました。この他に、オレンジ色のオランガリン、バラ色のロザリンなども合成されています。

こうしたポルフィリン関連化合物（ポルフィリノイド）研究の第一人者といえるのが、京都大学の大須賀篤弘教授です。これまで膨大な数の驚くべき分子を世に送り出しており、ポルフィリン関連だけでこんなにもできることがあるのか、と毎度目を見張らされます。

たとえば、ポルフィリンのピロール単位を3つに減らした「サブポルフィリン」は、サイズが小さいために中心で原子同士が混み合ってしまい、合成困難とされてきました。しかし、サイズが小さく原子価が3のホウ素を「芯」に使うことによって、夢の分子の実現に成功しています。

大きい方では、２０１５年に12ものピロール環を含んだ巨大な環を合成しています。この化合

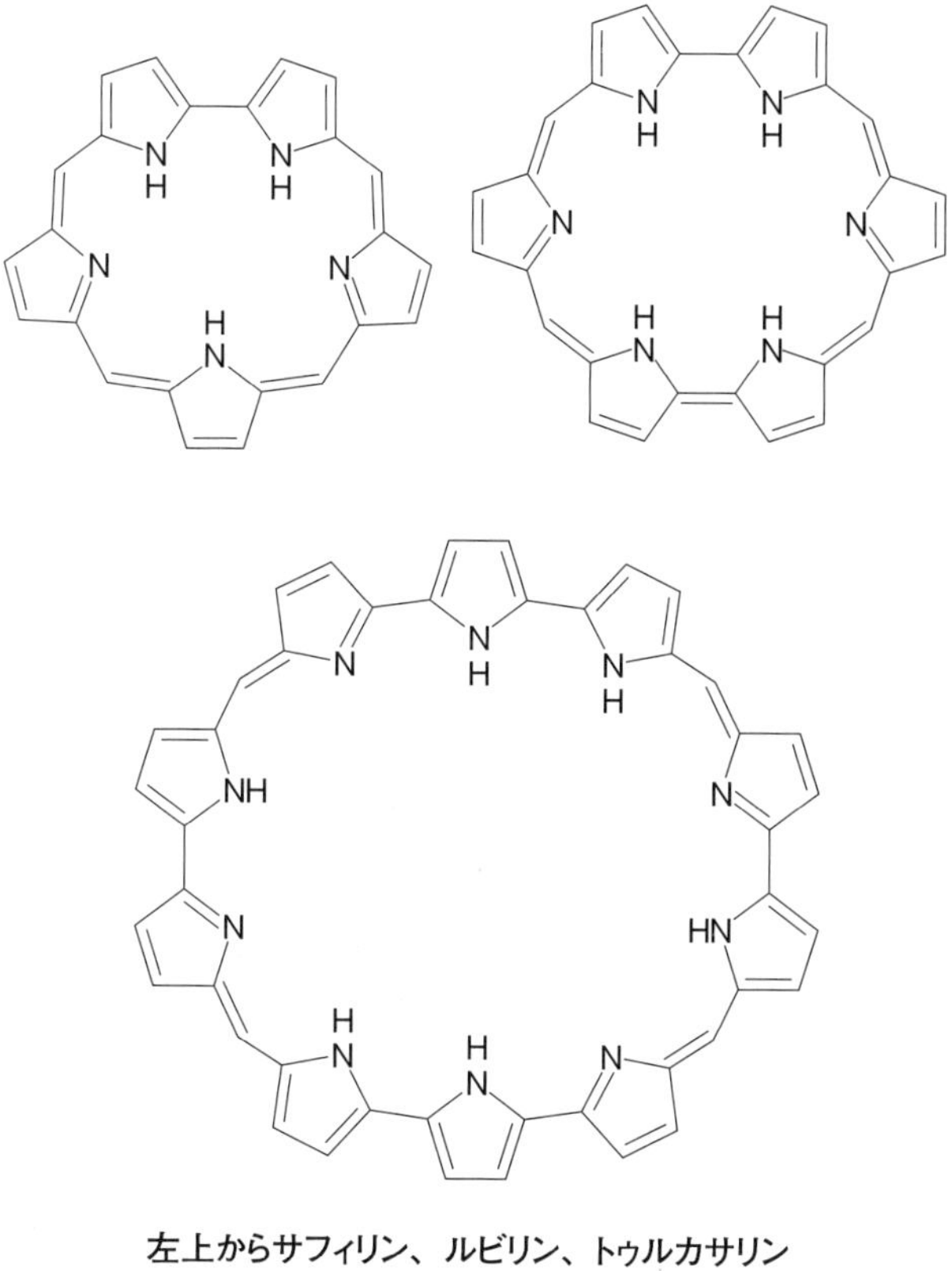

左上からサフィリン、ルビリン、トゥルカサリン

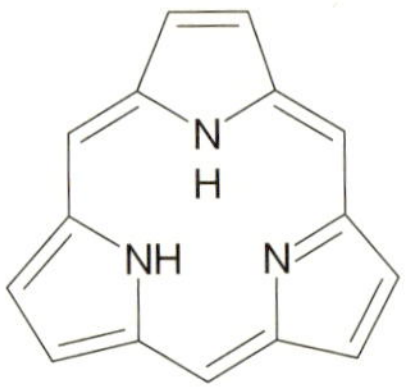

サブポルフィリン

物は50π電子系で、これまで作り出された最大の芳香環と考えられています。ここまでのサイズになっても、ヒュッケル則がきちんと成り立っていることに驚きます。

こうした巨大な環になってくると、ポルフィリンのようにきちんと平面には収まらず、8の字型などにねじれた形状をとるようになってきます。こうしたねじれたポルフィリノイドの化学で、格段に面白いのが、２００８年に報告された「メビウス芳香族」です。

よく知られている通り、「メビウスの輪」は紙テープの両端をひとひねりして環につないだ形です。これと同じように、共役系が一回ねじれて環になった分子は、（４ｎ＋２）πではなく４ｎπ電子系が芳香族性を示すと、古くから理論的に予言されていたのです。ただしそんな分子をどう作ってよいかは誰にもわからず、興味は持たれたもののそれだけに終わっていました。２００３年にいったんメビウス芳香族分子が合成されたという報告はあったものの、詳しい検討の結果、この成果は幻であるという見方が支配的になっています。

しかし大須賀らは、６つのピロール環を含んだ28π電子系化合物を合成し、これが条件によって芳香族となることを証明、芳香族の科学に新たな領域を切り拓きました。ピロール環のおかげ

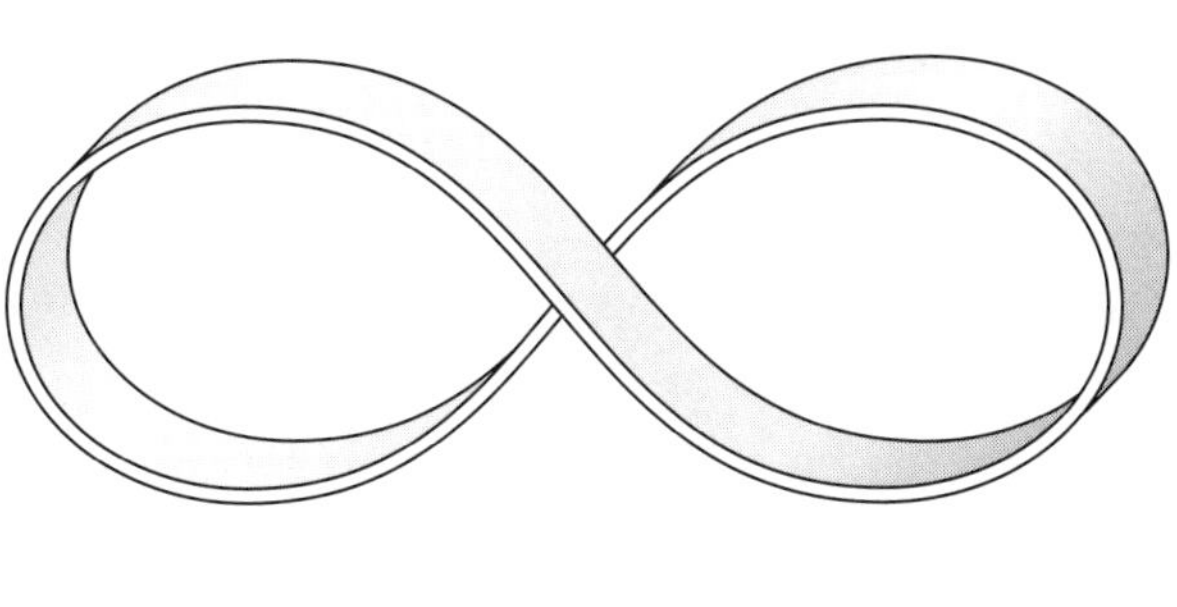

メビウスの輪

で、適度にしっかりして適度に柔軟な構造を取りうるポルフィリノイドは、こうした研究の材料にぴったりなのです。

できるはずのなかった化合物

ポルフィリン類はこれら以外にも、極めて多彩なバリエーションが知られています。ピロール環の間をつなぐ炭素が減ったもの、増えたものなども知られています。たとえばコロールという環は、ポルフィリンのピロール環の間に位置する炭素（メソ位炭素）がひとつ抜けた形です。共役系をたどっていただくと、やはり18π電子系になっているのがおわかりいただけるでしょうか？

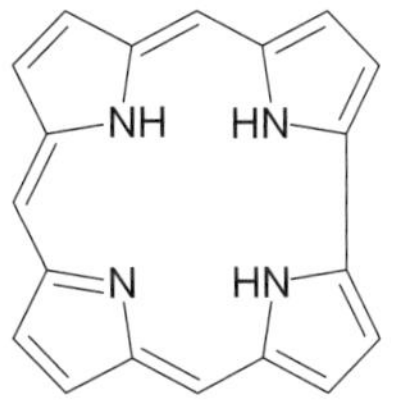

コロール

では次ページにある化合物はどうでしょうか。ご覧の通り、コロールからひとつ炭素を抜いた形なので、「ノルコロール」

と呼ばれます。化学の世界で「ノル」(nor-)という接頭語は、「炭素がひとつ足りない」という意味を表すのです（逆に、炭素がひとつ多い場合は「ホモ」(homo-)という接頭語がつけられます）。

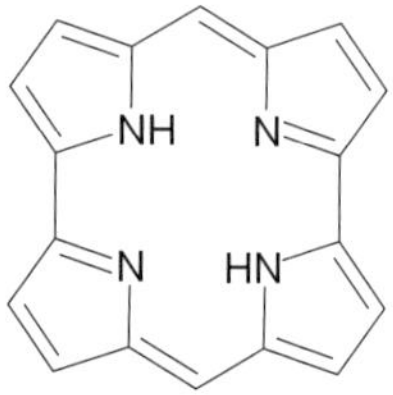

ノルコロール

さてこのノルコロールの共役系をたどって数えると、環に含まれるπ電子は16個です。ということは、ヒュッケル則の4nπ系のn＝4の場合に当たりますから、ノルコロールも反芳香族性となるはずです。

4π電子系のシクロブタジエンは非常に不安定で、多くの化学者の努力にもかかわらずなかなか合成は実現しませんでした。同じ反芳香族化合物であるノルコロールも、当然不安定であると考えられます。２００８年に合成が報告されましたが、ごくわずかな量がかろうじて検出されただけで、多量に純粋に作り出せるとは誰も思いませんでした。

ところがわからないもので、２０１２年に名古屋大学の忍久保洋教授のグループが、このノルコロールの合成に成功してしまいました。これを作ろうと狙っていたわけではなく、他の化合物を合成しようとして偶然にできてしまったということです。

機器分析の結果は、確かにノルコロールが反芳香族であることを示していました。しかし、不安定なはずのノルコロールは収率よく多量に得られ、空気中でも溶液中でも問題なく取り扱える

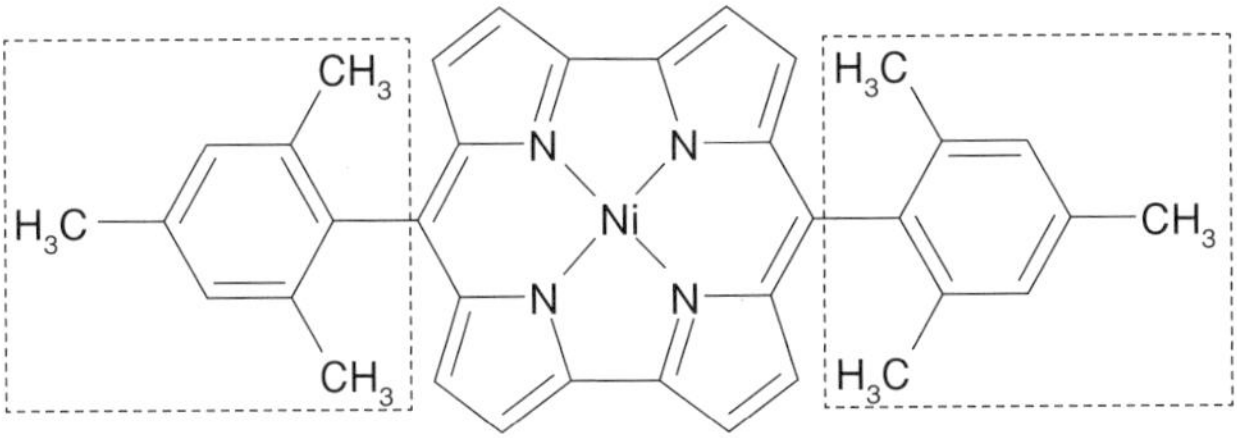

ビストリチルノルコロール。 枠内がメシチル基

ということがわかり、化学者たちを驚かせました。

得られた化合物は上図のような構造でした。メシチル基（枠内、メチル基が3つ結合したフェニル基）という大きな置換基が、メソ位についていたことがポイントです。これが他の分子の攻撃からノルコロール環をガードしているため、安定に存在できると考えられます。このように、不安定な化合物を大きな置換基で保護することはよく行なわれますが、この場合は意図せずそれが行なわれたのでした。

新たなカテゴリーの化合物の登場は、常に化学の新しい領域を生み出します。安定に取り扱える反芳香族化合物という、今までになかった化合物も、思いもよらぬ展開を見せつつあります。たとえば、ノルコロールは2電子を受け取ると18π電子系となり、芳香族化合物となって安定化します。また、同じく2電子を放出すると14π電子系ですので、これも芳香族になります。このため、ノルコロールは電子の受け渡しが可能です。

忍久保らはこれを利用し、二次電池を作成しています。この電

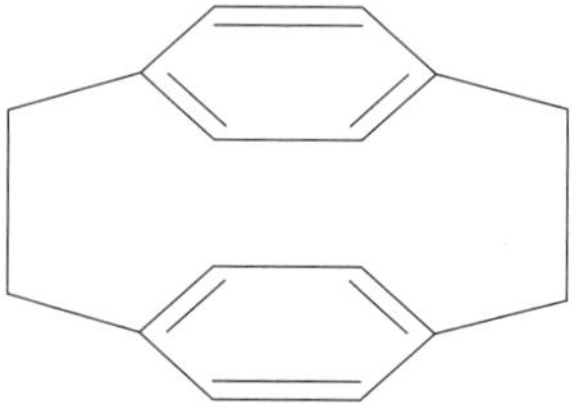

シクロファンの例

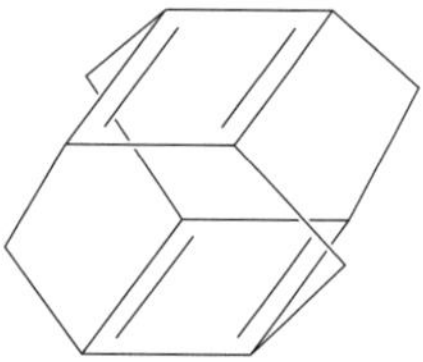

シュレイヤーらの提案した分子

池は100回以上の充放電を繰り返しても性能の低下が少ないなど、優れた特性を示します。これは、芳香族化合物だけではなかなか成しえない芸当です。

反芳香族+反芳香族=芳香族？

2007年、反芳香族化合物について、面白い予想がなされました。シュレイヤーらは、不安定なはずのシクロブタジエン分子を2つ重ね、強制的に面同士を近接させると、2つの環の間に相互作用が起きて芳香族性となり、安定な分子になるという計算結果を発表したのです。具体的に彼らが示したのは、上の図のような分子でした。マイナス×マイナスがプラスになるように、反芳香族と反芳香族が重なり合うと、安定な芳香族化合物が生まれるというのです。

これは興味深い結果ではありますが、残念ながらこの分子はどう考えても合成不能です。このように、芳香環同士を2ヵ所以上でつなぎ合わせて大きな環にした化合物はシクロファンと呼ばれますが、間をつなぐ炭素鎖が2原子あっても、非常にひずみが大きくなります。ただでさえ極めて不安定なシクロブタジエン環を、たった1原子の橋でつなぎ合わせる芸当は、どうあがいても不可能です。というわけでシュレイヤーらの予想は、理屈としては面白いものの、実現不可能なアイディアとしてしばらく日の目を見ることはありませんでした。

しかし忍久保らは、結晶内でノルコロール環同士が異常に接近して積み重なっているケースを発見します。これはシュレイヤーらの予測した反芳香族同士の積層による芳香族化ではないか、と直感しました。そこで2つのノルコロール環をつないだ分子を合成したところ、見事両者が重なり合い、芳香族化して安定になっていることが証明できたのです。

広がる反芳香族の世界

安定に存在できる反芳香族化合物は全く特殊な存在というわけではなかったようで、ノルコロールの登場後、他にもいくつか反芳香族性のポルフィリン類縁体が見つかってきています。一度扉が開かれると、たくさん類似の例が見つかってきて、思いの外豊かな世界であったことがわかる──というのは、科学の世界ではよくあることです。

たとえば、ポルフィリン環の炭素をヘテロ元素に置き換えたものが合成されており、これらは20π電子系なので反芳香族性を示すと単純には考えられます。しかし忍久保らが実際にこれらを合成してみると、窒素が入ったものは予想通り反芳香族性、イオウが入ったものは非芳香族性を

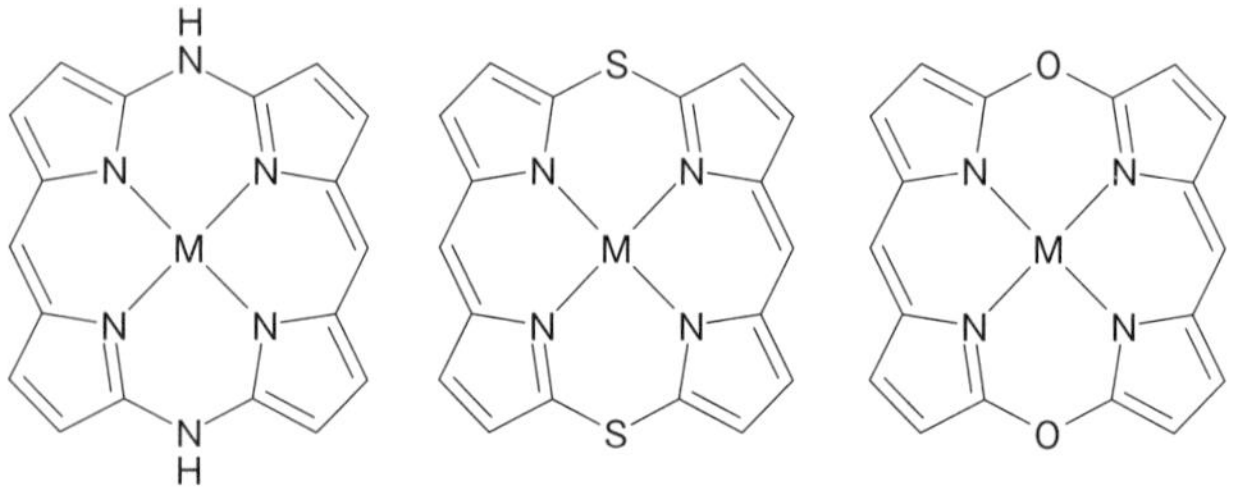

２つのヘテロ原子を骨格内に含んだポルフィリン類。それぞれ反芳香族性、非芳香族性、弱い反芳香族性を示す

示しました。イオウの結合距離が長いため、分子全体が「く」の字に折れ曲がり、平面性を保てないためと見られます。

また最近、九州大学の古田弘幸・清水宗治らのグループが、酸素の入ったバージョンの合成に成功しましたが、各種分析の結果、ノルコロールなどに比べて弱い反芳香族性を示すことが明らかになっています。こうした事例が揃い、何が違ってこうした結果につながるのか考えることで、反芳香族化合物の開拓も進展してゆくことでしょう。

このように、ポルフィリン関連化合物はさまざまなタイプのものが合成され、芳香族の概念を広げるようなものが次々と生み出されています。この中から、我々の暮らしを変えるような物質が、必ずや登場してくることでしょう。小さな正方形の分子は、無限の可能性を秘めています。

第7章

有機化合物を組み立てる

芳香族化合物の化学合成

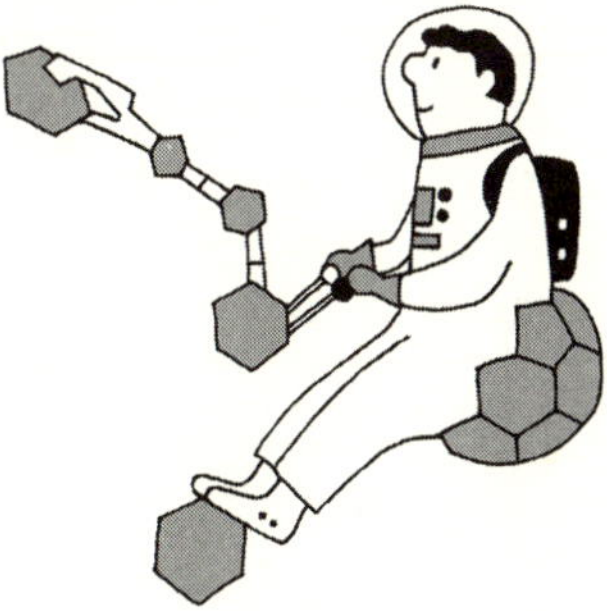

ここまで、さまざまな芳香族化合物をご覧に入れてきました。これら多彩な化合物世界があるのは、優れた合成法が多数確立されていればこそです。本書は有機合成の専門書ではないので、あまり詳細には立ち入りませんが、どのように化合物を組み立てているのか雰囲気だけでも知っていただければと思います。

何度も述べている通り、何千万という有機化合物は、炭素が骨格となってできています。このため、炭素と炭素をつなぐ反応は最重要であり、有機化学の黎明期から今に至るまで、変わらず有機化学者のメインテーマであり続けています。

ところが有機化学の基本であるはずの「炭素同士をつなぐ」というのは、実はなかなか難しい反応です。炭素と炭素の結合は、模型を組み立てるように好きなところに好きな大きさの分子をくっつけるわけにはいかないのです。

炭素と炭素の結合は「切れにくいが出来にくい」という厄介な性質があります。炭素－炭素結合は一度できてしまえば非常に丈夫で切れにくい反面、作ろうと思うと往々にして高熱や強い塩基（アルカリ）など、非常に激しい条件が必要になります。

特に、作ろうとする分子が複雑なものになってくると、炭素をつなぐための強い反応条件で分子内の他の官能基が余計な反応を起こしてしまい、狙ったところだけに炭素－炭素結合を作ることが難しくなってきます。また、強い条件の反応というのは当然制御が難しく、実験者には高度

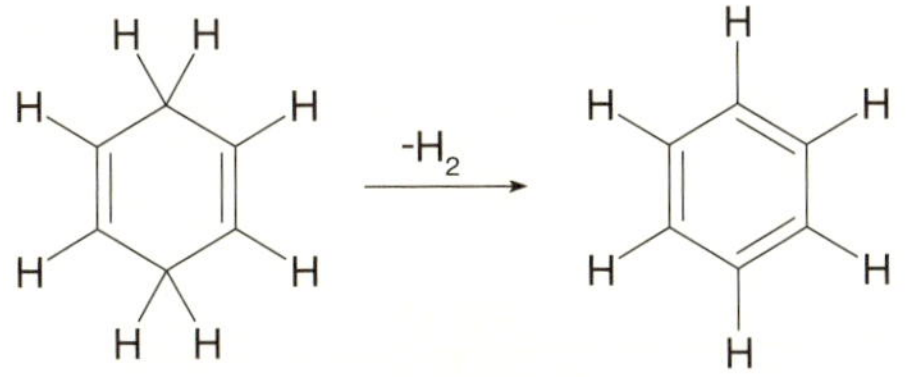

脱水素化による芳香環の合成

な技術が要求されることになります。空気に触れただけで火を吹くような試薬を、おっかなびっくり使うようなことも珍しくありません。

ではそんな厄介な炭素−炭素結合を、化学者たちはどのように作り出しているのか。ここでは、芳香族化合物の合成に用いられる反応を、いくつかご紹介しましょう。

ベンゼン環を作る

筆者は大学と企業で15年ほど毎日のように有機合成実験を繰り返し、数え切れないほどの芳香族化合物を扱ってきました。しかし実を言うと、他の化合物から芳香環そのものを作ったことは一度もありません。芳香環は安定で扱いやすいため、試薬として多くの種類が販売されており、それらをつなぎ合わせたり置換基を取り替えたりすれば、たいてい用が足りてしまうからです。

芳香環を一から作る場合には、シクロヘキサジエンなどの6員環から水素を取り除き、芳香化させる反応がよく用いられます。安定な芳香環に変化しようとする力がはたらくため、比較的簡単にこうした反

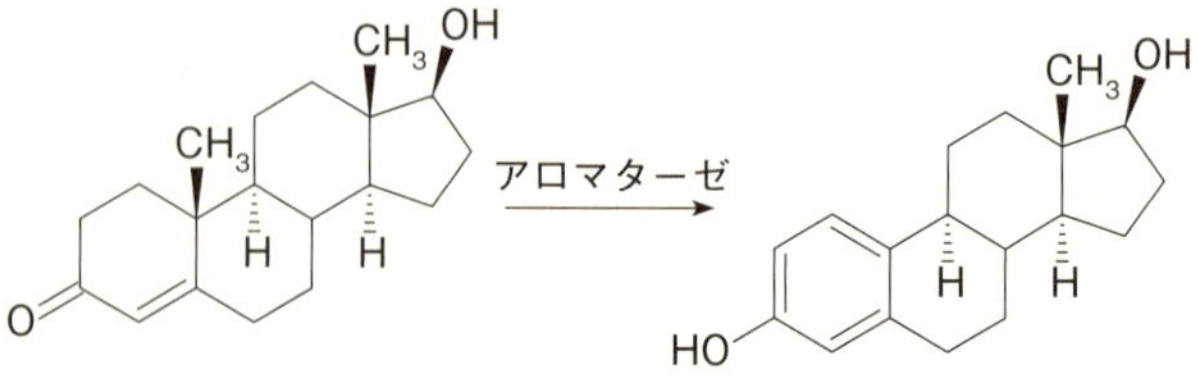

男性ホルモン（テストステロン）は、アロマターゼという酵素で、女性ホルモン（エストラジオール）に変換される

応は進行します。

これは、後述する曲がった芳香環の合成に有効です。シクロヘキサジエンなどの環はある程度自由に変形できるため、この形のままで合成を進め、最後に芳香化することで、ひずみのかかった芳香環を形成できるのです。

こうした反応は、体内でも起きています。男性ホルモン（テストステロン）と女性ホルモン（エストラジオール）はよく似た構造ですが、後者は6員環のひとつが芳香環になっています。テストステロンは、アロマターゼという酵素のはたらきによって環のひとつが芳香環化し、エストラジオールへと変換されるのです。

たったこれだけの構造の違いが、最終的には男性と女性の違いになって表れてくるわけですから、なんとも不思議なものです。男性ホルモンから女性ホルモンが作られるというあたり、どこかアダムとイブの物語を連想させるものがあります。

4+2=6、2+2+2=6

6員環を作る反応として重要なものに、ディールス・アルダー反応があります。1928年にドイツのオットー・ディールスとクルト・アルダーが報告した反応で、この功績により二人はノーベル化学賞を1950年に受賞しています。共役ジエンとオレフィンが反応して6員環を形成するというもので、有機化学を学ぶ者なら知らぬ者のない反応です。

ただし通常のディールス・アルダー反応では、6員環にひとつ二重結合が入ったシクロヘキセンができてきます。ここから水素を除く反応を行なうことで、ベンゼン環を作ることができます。また、事前に仕掛けを施しておくことで、一気にベンゼン環を構築する工夫もなされています。

ディールス・アルダー反応は、4炭素＋2炭素で6員環を作る反応ですが、2＋2＋2の形でベンゼン環を作る方法もあります。三重結合を含む化合物（アルキン）に対して、コバルトなど各種の金属触媒を作用させることで、ベンゼン環が得られるのです。この方法は古くから知られていますが、今もさまざまな工夫が加えられています。たとえば東京工業大学の田中健教授は、この反応を活用してヘリセン骨格などユニークな化合物を多数世に送り出しています。

ディールス・アルダー反応
ジエン（左）とオレフィン（右）を混ぜて加熱すると、6員環生成物が得られる

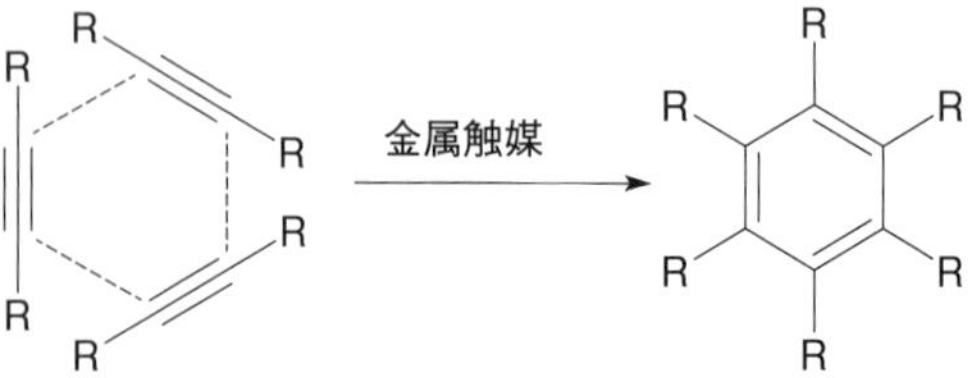

アルキン３分子からベンゼン環を作る（Rは各種置換基を表す）

芳香族求電子置換反応

ここからは、すでにあるベンゼン環に細工をして、ほしい化合物に変える反応です。芳香族求電子置換反応は、その代表的なものです。漢字がずらりと並んだ、非常にいかつい字面ですが、中身はそう大したことではありません。要は、ベンゼン環についた水素を、他の原子団に取り替えるという反応です。

ベンゼン環は、「余り物」であるπ電子を、その表面にたくさん持っています。プラスの電荷を持った化合物（専門的には求電子剤といいます）にとっては、これは格好のえじきであり、ベンゼン環にくっついてしまいます。しかしこの状態では、ベンゼン環がプラスに帯電したままです。プラスマイナスゼロにするには、プラスの電荷に出ていってもらわなければいけません。この時、新参の置換基の代わりに、もともとベンゼン環についていた水素がプラス電荷を背負って出ていってしまうと、置換反応がめでたく成立したことになります。

新しくやってくる求電子剤が塩素や臭素である場合はハロゲン化反

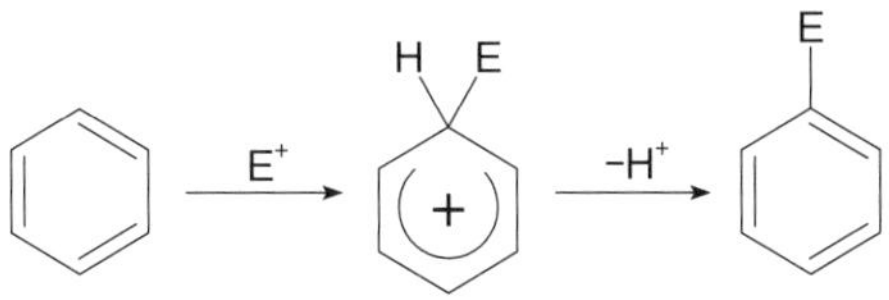

芳香族求電子置換反応

応、ニトロニウムイオン（NO_2^+）である場合はニトロ化反応、炭素陽イオンである場合はフリーデル・クラフツ反応などと呼び方が変わりますが、本質は同じことです。

プラスの電荷が結びつくためには、ベンゼン環はできる限り電子のマイナス電荷をたっぷり貯えている方が反応しやすいはずです。こうした、芳香環内に電子が豊富であることを「電子密度が高い」と表現します。たとえばベンゼン環に酸素原子がついていると、酸素原子から電子が送り込まれ、ベンゼン環の電子密度が上がるので反応を受け付けやすくなります。この時、酸素原子から見てオルト位とパラ位の電子密度が特に高くなるため、置換反応もこの場所で起こりやすくなります。

このように、置換基によって反応性は大きく変化しますので、必ずしも教科書通りに反応が進行するとは限りません。このあたりをうまく見越し、条件や合成ルートを工夫して効率よく目的物を作り出せるのがよい化学者ということになります。

芳香環の電子密度の高さは、こうした化学反応の受け付けやすさだけではなく、医薬品やエレクトロニクス材料としての性質にも大きく関与します。このため、こうした化合物の研究では、さまざまな置換基を導入して試行錯誤を行なうことが必要になります。

クロスカップリング反応

新たな化学反応に関する論文は、毎年何万と書かれます。しかし、その中で後世に生き残って長く使われるものは少なく、ノーベル賞の栄誉に輝くものはさらにわずかです。クロスカップリング反応は、そんな数少ない反応のひとつです。というわけで、これについては少し詳しく書いてみましょう。

先に、炭素同士をつなぐ反応の難しさについて述べました。有機合成の世界において求められる反応というのは「他の官能基と反応せずに狙ったところにだけ結合を作る（あるいは切る）ことができ、難しい実験技術を必要とせず、毒物など始末に困る副成物ができない反応」ということになるでしょう。さらに反応に使う試薬が高価でなく、安定で長期保存が利き、工夫次第でいろいろと応用範囲が広がる――となれば言うことはありません。そして、この理想に最も近いのが、このクロスカップリング反応ということになります。

炭素同士をつなぐ反応の原理は簡単であり、要するに炭素の陽イオンと炭素の陰イオンを用意

$$\mathrm{R{-}M + X{-}R' \longrightarrow R{-}R' + M^{+}X^{-}}$$

炭素-炭素結合を作る反応。Mは金属元素、Xはハロゲン元素を表す

して、両者を混ぜてやればよいのです。プラスとマイナスは引きつけ合い、両者はつながり合います。陽イオンになりやすいのは金属元素、陰イオンになりやすい元素はハロゲン類ですので、炭素-金属結合を持った化合物（有機金属化合物）と、炭素-ハロゲン結合を持った化合物を混ぜてやれば、結合の組み替えが起こり、炭素同士がくっつくということです（実際にはそこまで単純ではありませんが）。

しかし、この方法では残念ながらベンゼン環は反応してくれません。このため、かつてはベンゼン環同士が単結合でつながった化合物（ビアリール類）は、非常に作りにくい化合物とされていました。

転機が訪れたのは1972年のことです。京都大学の熊田誠・玉尾皓平らのチームは、有機マグネシウム化合物と有機ハロゲン化物だけを混ぜるのでは全く反応しないのに、少量のニッケルやパラジウム化合物を添加してやると、これが両者の仲立ちを果たし、極めて効率よく両者が結合（カップリング）することを見出したのです。

この場合のニッケルやパラジウムのように、反応の仲立ちの役割をする化合物を「触媒」と呼びます。「媒」という字はもともと「仲人」という意味ですから、この場合特にぴったりした言葉といえそうです。

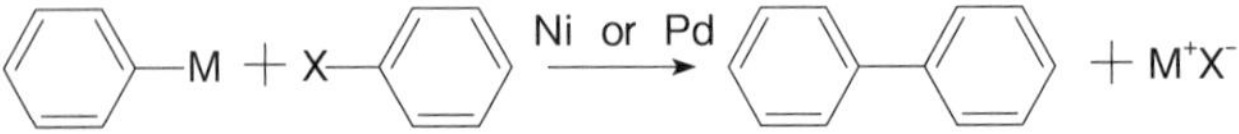

クロスカップリング反応の概念図。Mは金属元素、Xはハロゲン元素

仲人が何組ものカップルをまとめるように、触媒も一分子で多数のベンゼン環同士を結び合わせることができます。このため、ほんの少量の触媒（モル比にして数十分の一から数万分の一程度）を用いるだけで、多量の目的化合物を作り出すことが可能です。

熊田‐玉尾カップリングが開発されるまでは、AとBのパーツを結合させようとしてもA‐AやB‐Bが同時にできてしまうことが多く、このようにA‐Bだけを選択的に作れる反応はあまり例がありませんでした。こうした違うパーツ同士を結合させる反応を「クロスカップリング」と呼び、当然ながら有機合成化学者にとって非常に有用性の高い反応ということになります。ともあれこの反応は、この後爆発的に進展した遷移金属触媒の化学の先駆けとして、時代を画する研究と評価されることになりました。

この後、熊田‐玉尾カップリングで用いられていたマグネシウムに替えて亜鉛を使う「根岸カップリング」、スズを使う「スティル（または右田‐小杉‐スティル）カップリング」、銅を使ってアセチレンを結合させる「薗頭カップリング」などが続々と開発され、それぞれ優れた反応として広く使われていくことになります。名前からもわかる通りこの分野での日本人化学者の功績は非常に大きく、クロスカップリング反応は日本のお家芸ともいうべきジャンルとなってゆきました。

こうした状況の中、真打ちともいうべき存在として登場してきたのが「鈴木－宮浦カップリング」です。ここでは、有機金属側の試薬として、有機ホウ素化合物が用いられました。有機金属は空気や水で分解したり、火を吹いたりと不安定なものがほとんどですが、ホウ素は炭素と安定な結合を作り、大変取り扱いやすい化合物になります。ただしその反面、反応性は低いため、炭素－炭素結合生成には使えないと思われていました。しかし、反応の際にアルカリを加えてやることで有機ホウ素化合物の反応性が上がり、極めて効率よく炭素－炭素結合を作ることがわかったのです。

鈴木－宮浦カップリング反応は、当初の評価は高くなく、最初に掲載されたのもいわゆる一流論文誌ではありませんでした。他の金属元素でもできることを、単にホウ素に置き換えただけだと思われていたのです。

しかししばらく使われるうち、鈴木－宮浦カップリングの有用性が明らかになっていきました。炭素と炭素をつなぐ反応は、多くの場合湿気や空気に触れると進行しなくなってしまうため、これらを遮断するために高度な実験技術を必要としていました。ところが鈴木－宮浦カップリングは、湿気どころか水の中でさえ問題なく反応が進行します。初めて実験を行なう中学生でも、高い収率で簡単に目的の化合物を作り出すことができるほど、操作が簡便になったのです。

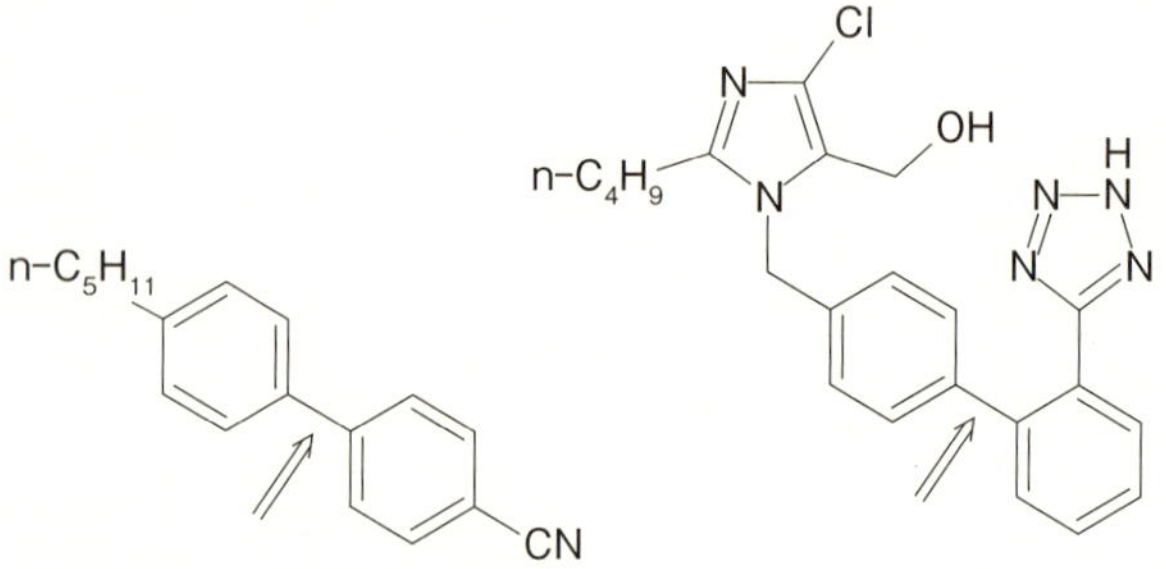

液晶材料5-CB（左）、降圧剤ロサルタン（右）。矢印が鈴木－宮浦カップリングで作られている結合

これは、決定的というべき長所でした。

これにより、多くの芳香族化合物が、工業的な規模で安全かつ大量に作り出せるようになりました。医薬や農薬、液晶材料など、身近で使われている物質にも、鈴木‐宮浦カップリングで生産されているものがいくつもあります。

この功績を讃えられ、パラジウム触媒の開祖であるリチャード・ヘック、クロスカップリング反応の開発者である根岸英一、鈴木章の3名が、2010年にノーベル化学賞を贈られています。ただし、クロスカップリング反応の開発に関わった化学者は多かったため、大きな貢献をしながら選に漏れた人も残念ながら出てしまいました。

クロスカップリング反応はその後も進展を続け、炭素‐炭素結合のみならず炭素‐窒素や炭素‐酸素結合を構築できる反応、高価なパラジウム触媒に代わり、安価で安全な鉄を触媒に用いる反応なども開発され、今もなお発展を続けています。自然界に類似の原理がない、純粋に人類が生み出した反応の最高傑作といって差し支えないでしょう。

C-H活性化反応

クロスカップリングは優れた反応に間違いありませんが、反応の原料として有機金属化合物と、有機ハロゲン化物を用意する必要があります。場合によって、これらの調製はかなりの技術と手間を要します。

近年、ついにこれらの手間さえ必要としない、単純なベンゼン環に直接置換基を取り付けられる反応が登場してきました。通常なかなか反応しない炭素と水素の結合を切断し、炭素-炭素結合に組み替えてしまうというものです。この定義に該当する反応は、古くから散発的に報告されてきましたが、大きな転機になったのは、1993年『ネイチャー』誌に村井真二（当時大阪大学教授）らが報告した反応です。

芳香族ケトン化合物に対して、ルテニウムという金属元素を触媒として作用させると、ルテニウムが酸素を足場にして、隣の炭素-水素結合に割り込むような形で入り込み、ここに他の置換基が結合するというメカニズムです。

分子内に数多ある炭素-水素結合のうち、狙った場所だけを活性化するこの反応は、文字通り画期的でした。当時大学院生であった筆者には今ひとつピンときませんでしたが、ふだん多少の

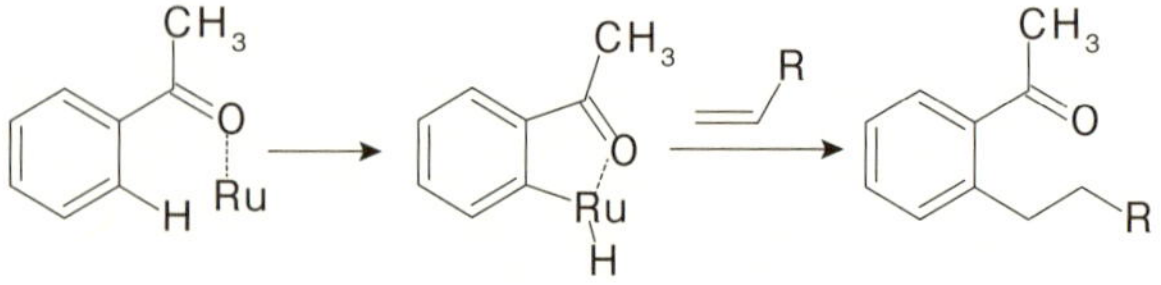

C-H活性化反応（概念図）

ことでは驚かない先生や先輩が、「こんなことができるのか！」と目を丸くしていたことを覚えています。

いったんこうしたことが可能とわかると、多くの研究者が参入して一気に研究が進みました。最近の論文誌などには、一昔前の常識で見ると、図の書き間違いではないのかと思うような反応が続々と報告されており、隔世の感があります。こうした反応の進歩により、複雑な化合物も昔よりずっと短工程、高効率、低コストで作り出せるようになっています。

芳香環の一挙構築

とはいえ、後述するナノグラフェンのように、多数の芳香環を含む巨大な化合物を作ろうと思うと、まだまだこれでも効率は十分ではありません。何百という結合を含む化合物を作りたいのに、一本の結合を作るために二段階、三段階と必要になるのでは、何年かかっても合成が終わりません。

そこで最近では、一挙に複数の結合を作り、あれこれステップを

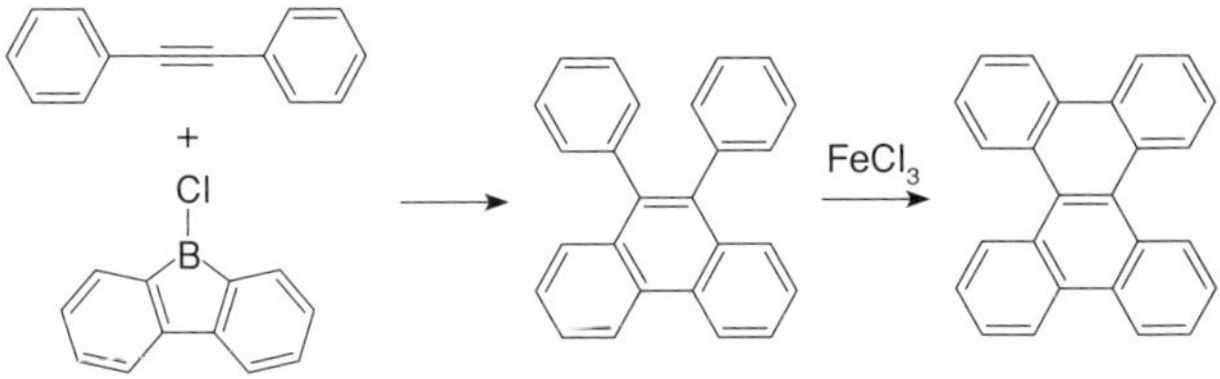

ボラフルオレンによる芳香環の構築

踏まず次々に芳香環を作り出す反応も登場しています。たとえば東京工業大学の福島孝典・庄子良晃らのグループは、ホウ素を含んだ「ボラフルオレン」という化合物を、三重結合を持った化合物と反応させることで、2本の結合と芳香環がひとつ構築できることを見つけました。さらに、こうしてできた化合物を塩化鉄によって酸化（170ページ参照）することで、一挙に多数の芳香環を持った化合物を作り出せます（上図）。

また名古屋大学の伊丹健一郎・伊藤英人らも、事前に官能基化などの操作を必要とせず、一段階で一挙に芳香環の構築を行なえる手法を開発し、「APEX」（annulative π-extension）と名付けています。次ページの図では、4環性の芳香族化合物であるピレンに対し、何の細工をすることもなく2本の結合ができ、多数の環を持った化合物が出来上がります。あれこれ指示を出さずとも、試薬が自分で反応すべき場所を見分けてくれるわけで、実にスマートな手法です。

というわけで、次々と新たな手法が登場し、より速く、より効率

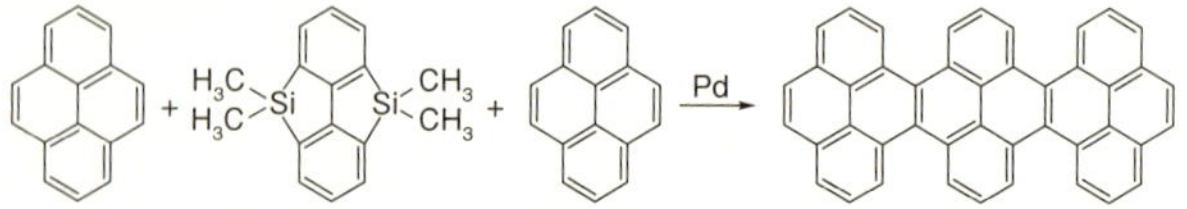

APEX反応の例

的に、より大きな芳香環が作れるよう、技術は大きく進展しつつあります。しかしそれでも、これひとつでなんでも作れるという合成法はなく、必要な化合物を必ず合成できるという、絶対的な方法論もありません。合成化学者は、多くの手法の長所と短所、限界を頭に入れ、最適な工夫を施し、試行錯誤をしながら分子を組み上げていく必要があることは、今後も変わりないでしょう。間違いなく言えることは、優れた合成法の登場は、有機化学とその周辺領域、ひいては我々の暮らしまでも大きくレベルアップさせてくれるものだということです。新たな方法論を求めて日夜研究に励む研究者たちに、心からのエールを送りたいと思う次第です。

第8章 ナノカーボンの時代
3次元芳香族への飛躍

19世紀は鉄の時代、20世紀はシリコンの時代といわれました。そして21世紀は、炭素の時代だといわれます。その旗手と目されているのが、いわゆるナノカーボン類です。1990年代から台頭してきたこれらの新材料は、いずれも炭素のみから成り、いずれも芳香環を基礎として出来上がっている物質群です。

サッカーボール分子の予言

先に、ベンゼン環を5つ環状につないでいくと、皿状にへこんだ分子（コランニュレン）ができると述べました。このシンプルかつ美しい構造は、一人の化学者に大きなインスピレーションを与えました。当時京都大学にいた、大澤映二博士がその人です。

大澤は、芳香族を2次元から3次元に拡大できないものかと考えていました。立体的なコランニュレンの骨格は、その入り口になるものと思えました。その時、当時4歳であった氏の長男が持っていた、小さなサッカーボールが目に止まったのです。コランニュレンは、まさにサッカーボールの一部を切り出した形でした。

ここから大澤は、サッカーボール骨格を持った、純粋に炭素だけから成る分子の可能性を思いつきます。サッカーボール型多面体（数学的には、正二十面体の頂点を切り落とした形という意味で、切頂二十面体といいます）の頂点を全て sp^2 炭素で置き換えてみると、全ての6員環は芳香環となりえ、さほどひずんでいない構造にみえます。π電子は球面上に行き渡り、まさしく3次元芳香族そのものです。

大澤はこのC_{60}分子の着想を、月刊誌『化学』の1970年9月号に寄稿した論文で発表し、翌年に刊行された単行本『芳香族性』でもその可能性を詳しく述べています。ただし、これらは日本語のみで発表されたこと、また化学合成も難しく、理論面からの研究も当時の計算機の手には負えなかったことなどから、注目を受けることなく埋もれていました。

コランニュレン

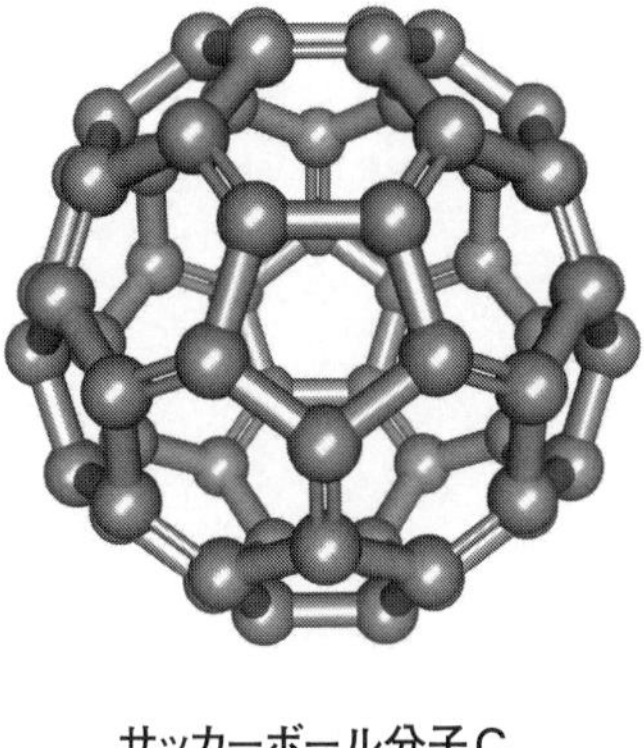

サッカーボール分子C_{60}

フラーレン誕生

しかし、大澤の最初の発想から15年を経た1985年、思わぬ形でC_{60}は現実のものとなります。英国のハロルド・クロトー、米国のリチャード・スモーリー、ロバート・カールらのチームは、この当時宇宙空間にのみ存在する炭素クラスター(炭素原子が数個から1000個程度集まったもの)の研究を進めていました。彼らが行なった実験は、真空中でグラファイトにレーザーを照射して蒸発させ、生成する炭素クラスターを観測するというものでした。しかし実験を続けるうち、炭素60個から成るクラスターだけが多くできる条件が見つかってきたのです。これは何かある――彼らは直感しました。このように、「この現象には未知の何かが潜んでいる」と、異変をかぎつける「勘」のようなものが、一流の研究者には不可欠です。

さまざまな実験と、理論的な考察から、彼らはこのクラスターが切頂二十面体型の構造をとっている――すなわち、大澤博士が予言したサッカーボール分子そのものであると推測します。彼らは、この分子に似た球状ドーム(ジオデシックドーム)を考案した建築家バックミンスター・フラーにちなみ、このC_{60}分子を「バックミンスターフラーレン」と命名します。新たなる炭素分子出現の衝撃は大きく、この論文は世界最高の権威を誇る学術誌『ネイチャー』の表紙を飾りました。彼らが、大澤の論文の存在を知るのは、この後のことになります。

フラーレン量産の衝撃

とはいえ、この時得られたC_{60}は「存在が検出された」というだけで、実際に目に見える量を取り出したり、性質を調べたりするには程遠いものでした。このため、フラーレン類の研究はこの後しばらくほとんど進展していません。

衝撃の第二波が科学者たちを襲ったのは、1990年のことです。ドイツのヴォルフガング・クレッチマーとドナルド・ハフマンが、アーク放電という方法によってグラファイトを蒸発させることで、目に見える量のC_{60}を作り出す

COLUMN

フラーレンの名前

クロトー、スモーリー、カールらのチームは、C_{60}分子を「バックミンスターフラーレン」と命名した。この名は長いので、「バッキーボール」と通称される。後述する関連化合物にも、「バッキー〜」と名付けられたものがある。

また、こうした炭素クラスターにはC_{60}以外にも、C_{70}やC_{84}などの大きなサイズのものが存在し、これらをまとめて「フラーレン」と呼んでいる。これらを個別に指す場合には、炭素原子数を角括弧に入れて「[70]フラーレン」のように書き表す。ただし話し言葉としては、C_{60}を指して単に「フラーレン」と呼ぶことも多い。

フラーレン類は5員環と6員環から成り、サイズの大きなものでも5員環は12枚と決まっている。C_{60}の場合では、5員環が12枚、6員環が20枚集まった形である。σ結合でサッカーボール骨格が作られ、π電子は表面と内部に向けて突き出した形をとる。

ことに成功したのです。彼らはC_{60}を純粋に分離することにも成功し、安定に取り扱える物質であることを示しました。

この発表がもたらしたインパクトは絶大で、学会でこれを聞いた研究者が自分たちでもこれを試そうと急いで帰ってしまったため、席ががら空きになってしまったというエピソードが残っています。こうして世界中の研究室でフラーレン類が作り出され、性質を調べる競争が開始されました。

長らく化学の教科書には、炭素の同素体は黒鉛（グラファイト）とダイヤモンド、無定形炭素（すすなど）の3種類だけと記されてきました。その常識を覆す物質が、極めて美しい構造と興味深い性質を引っさげて、多くの研究者の手に入る形で現れたのです。科学者たちが、夢中になってフラーレンの研究に取り組んだのも、まず当然と思えます。

フラーレンの性質は、「物理的には極めて安定だが、化学的には反応性に富む」と表現されます。フラーレンは熱に強く、空気中で300度くらいまで加熱してもほとんど分解しません。しかし多くの化学薬品とは、さまざまに反応することが知られています。ベンゼンやグラファイトと異なり、フラーレンの炭素骨格は平面から外れているため芳香族性が弱まり、二重結合の集まりに近い性質になっているのです。

詳しい理論計算の結果、C_{60}の6員環と6員環が接する辺の二重結合性が高く、5員環と6員環の接する辺は単結合に近いことがわかっています。炭素-炭素結合の距離も、6員環同士が接する辺の長さが約146pmであるのに対し、5員環と6員環が接する辺の長さは約137pmで、このことを裏付けています。

実際、C_{60}は多くの付加反応を受け付け、多様な付加体を生成します。またC_{60}は、電子を受け入れやすい性質があります。これは単純にいえば、フラーレンは曲がっているために電子密度が低くなる部分ができ、平面の芳香環に比べて電子を受け入れる余地ができるということです。電子を自由にやり取りできるということは、太陽電池などの材料に至適ということであり、現在実用化に近いところまで来ています。こうしたタイプは有機薄膜太陽電池と呼ばれ、柔らかくコンパクトで、必要な化合物を「印刷」するだけでプラスチック表面を太陽電池化できるという利点があります。

こうした功績が認められ、クロトー、スモーリー、カールの3名は1996年にノーベル化学賞を受賞しています。ただし、世界に先駆けてフラーレンの存在を予言した大澤、大量合成法を開発してフラーレンフィーバーの立役者となったクレッチマーとハフマンは、残念ながら選に漏れました。ノーベル賞は1部門あたり3名までと決まっていますので、こうした問題は毎回起こります。ノーベル賞の枠組みは、そろそろ考え直す時が来ているのかもしれません。

カーボンナノチューブ登場

フラーレン大量合成に世界が湧いていたころ、炭素材料の世界にもうひとつの革命が静かに進行していました。その立役者は、当時NEC基礎研究所に籍を置いていた、飯島澄男博士（現・名城大学終身教授など）です。

アーク放電によってフラーレンを作り出す際、陰極側にすすのような堆積物が残ります。誰もが陽極側にできるフラーレンに気を取られていた時、世界でただ一人飯島だけが、陰極側のすすを観察してみようと思い立ったのです。飯島は透過型電子顕微鏡の専門家であり、超微粒子の観察に関して卓越した技術を持っていました。

顕微鏡の視野には、極めて細長く、規則正しい構造を持ったチューブ状の物質が映っていました。これこそが、驚異の新炭素材料・カーボンナノチューブが人類の前に姿を現した瞬間でした。この後カーボンナノチューブは、フラーレンに劣らぬ注目を受ける存在に成長してゆきます。

カーボンナノチューブは、芳香環を蜂の巣のように多数つないだものを、くるりと筒状に巻いた形をとっています。飯島が最初に観察したカーボンナノチューブは、多数の筒が何層も重なったものでしたが、やがて単層のものも作り出されるようになります。

カーボンナノチューブの直径は文字通り数ナノメートル（nm、10億分の1メートル）程度、すなわ

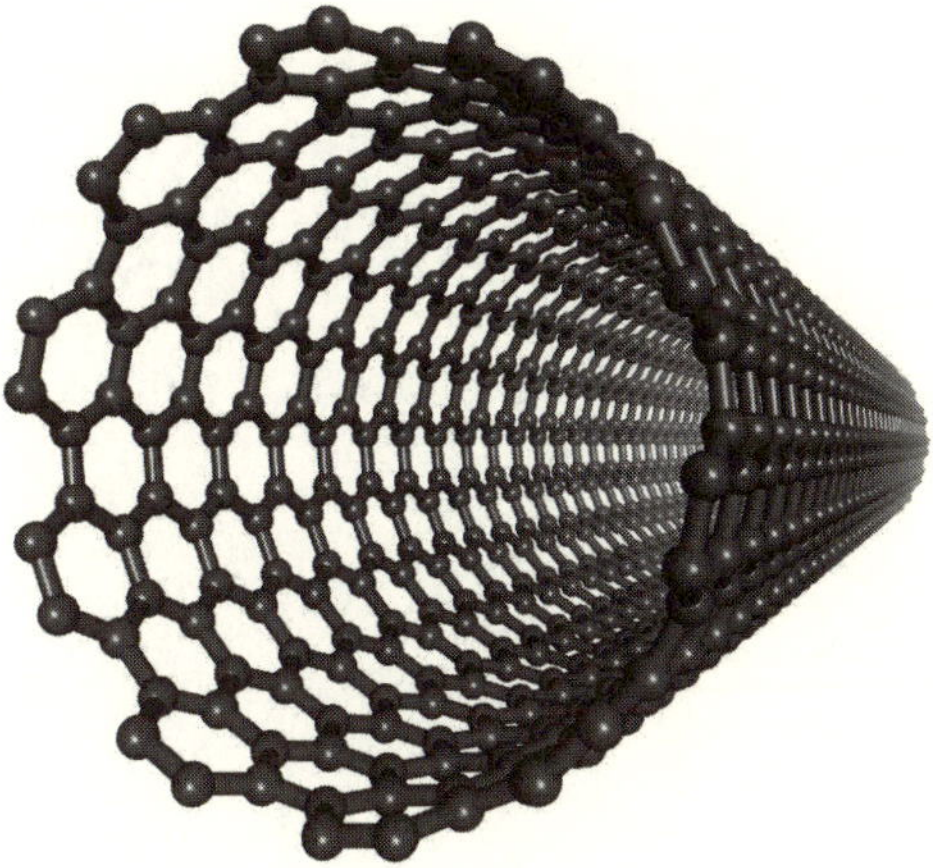

カーボンナノチューブ

ち髪の毛の数万分の一という細さです。一方、長さは数ミリメートルのものまで作られていますから、その太さと長さの比は数百万倍にも達します。

全体が安定性の高い芳香環でできていますので、カーボンナノチューブは熱や薬品に強く、ほとんど劣化しません。比重はアルミニウムの半分程度という軽さながら、機械的強度は鋼鉄の約100倍にも及び、それでいてしなやかに曲がることもできます。驚異の新材料といわれる理由も、おわかりいただけると思います。

カーボンナノチューブの電気的性質は、単層か多層か、あるいは巻き方によっても異なり、導電体にも半導体にもなります。広く用いられる導電体である銅の1000倍以上の電流密度にも耐え、微細な加工も理論上可能ですから、

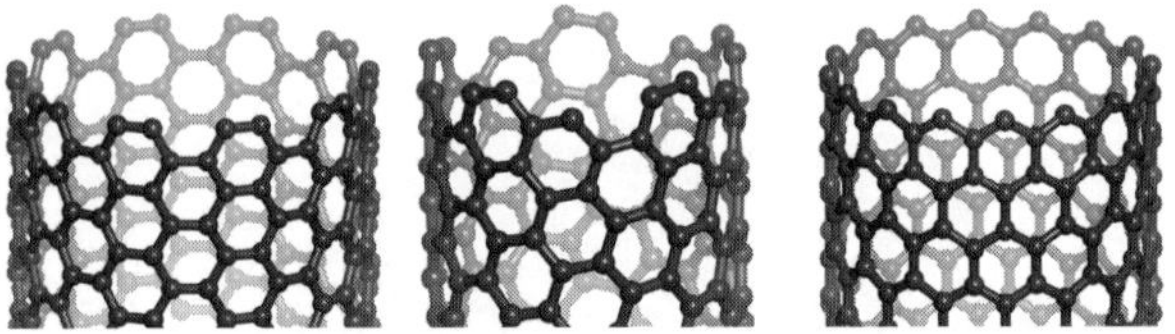

カーボンナノチューブの性質は巻き方によって変化する。左から、アームチェア型、カイラル型、ジグザグ形

現在のシリコン半導体などに取って代わりうるポテンシャルを備えているといえます。その他、燃料電池やディスプレイなど、幅広い応用が検討されています。

いろいろな分野でカーボンナノチューブの応用が検討されていますが、中でも注目されるのが「軌道エレベーター」の開発でしょう。現在、宇宙に行くにはロケットの打ち上げが必要ですが、この時地球の重力に打ち勝つため、膨大なエネルギーを消費し、また環境にダメージを与えているのが現状です。

そこで、宇宙までケーブルを伸ばし、これに沿ってエレベーターを上昇させることで宇宙まで行く案が考えられています。まるでSFのようなアイディアですが、理論的には可能と見られており、実現すれば現在の数百分の一のコストで宇宙に行けると考えられます。

ただし最大の問題は、宇宙まで伸ばしても切れないほど丈夫なロープが必要という点です。既存の材料ではこれは不可能と考えられていたのですが、カーボンナノチューブの登場でこれが現実味を帯びてきたのです。技術的には他にもクリアしなければならない課題が山積していますが、非常に夢のある話には違いありません。

ただし現在のカーボンナノチューブが抱える最大の問題点は、性質の揃ったものが作れないという点です。カーボンナノチューブは直径、ねじれ方、層の数など多様なものが存在し、一種類のものだけを狙って作ることが、今のところできません。つまり我々が知っているカーボンナノチューブは、いろいろな性質のチューブの混ざりものに過ぎず、まだその真価は見えてきていないともいえます。性質の揃ったものを作るというブレイクスルーが果たされた時、初めて本当のカーボンナノチューブの時代が訪れることになるでしょう。

2次元のナノカーボン・グラフェン

21世紀に入って登場したのが、ナノカーボンの第3の旗手というべきグラフェンです。これも注目度は高く、今や先輩格のフラーレンやカーボンナノチューブに肩を並べるか、上回る存在に成長した感があります。

フラーレンとカーボンナノチューブは、本来平面である芳香環を3次元の世界に引き上げたものであり、そう簡単に想到し得ない構造でした。しかしグラフェンは、一見すると何の変哲もなく、「これが今まで知られていなかったの？」といいたくなるような見た目をしています。次ページ図のように、ベンゼン環を並べてどこまでも敷き詰めただけの、ごく単純な構造です（実際

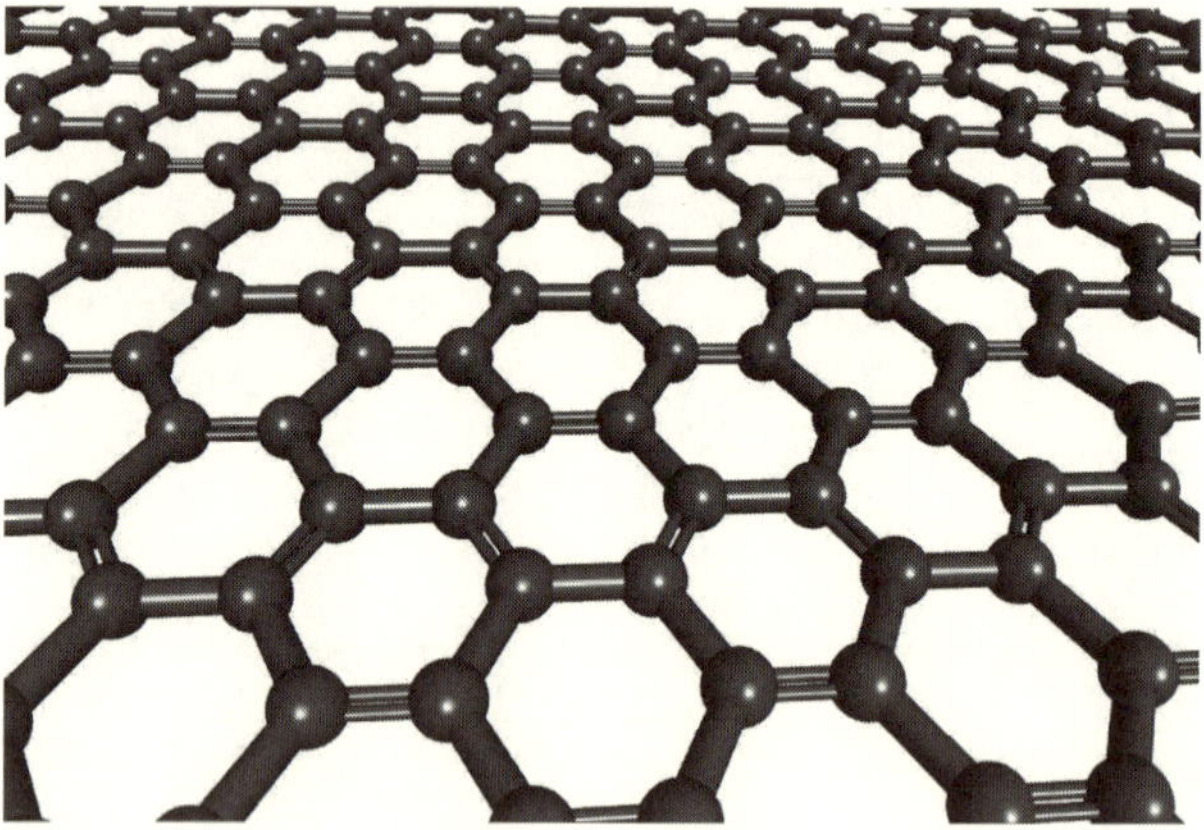

グラフェンの構造

には、グラフェンは完全な平面ではなく、さざ波のようにゆるやかに波打った構造といわれます）。

古くから知られていた炭素の同素体のひとつであるグラファイト（黒鉛）は、この蜂の巣状のシートが多数積み重なった構造です。層同士は、ファンデルワールス力という力で弱く引き合っているだけに過ぎません。紙に鉛筆で字を書くというのは、このグラファイトの層をセルロースにこすりつけ、くっつけてゆく作業です（ちなみに消しゴムで字が消えるのは、グラファイトが紙の成分であるセルロースよりも、消しゴムの成分〈ポリ塩化ビニルやフタル酸エステル〉と強く引き合うため、紙から剝がれ落ちるおかげです）。

このように、グラファイトの層が剝がれるのは、古くから知られた極めて身近な現象でした。しかし、一層だけを剝がせるか、剝がしてみるとどうなるか、試してみた者は長らくいなかったのです。

２００4年、これを初めてやってのけたのが、英国マンチェスター大学のアンドレ・ガイムとコンスタンチン・ノボセロフでした。彼らが行なったのは、グラファイトをセロハンテープで挟んで剝がすことを繰り返すという、驚くほど単純な実験でした。こうして得られたグラファイトの薄片の中に、一層だけの「グラフェン」が見つかったのです（ただしこうしてできるグラフェンは均一性に欠けるため、メタンなどの炭素源を金属表面に流して高温でグラフェン膜を形成させる、化学気相成長法〈ＣＶＤ〉などの方法が盛んに検討されています）。

グラフェンは炭素原子1個分の厚みしかない、世界で最も薄い物質です。それでいて引っ張りなどに強く、熱伝導や電気伝導度もあらゆる物質中トップクラスです。あまりにも薄いので、性質を変えることなく曲げたり折ったりも自在に可能です。

またグラフェンは97・7％の光を透過させる、ほぼ透明な材料です。透明でありながら電気を通すというのは、ディスプレイやタッチパネルに必須の性質です。現在はレアメタルを使った材料がこの目的に用いられていますが、身近な炭素でできるグラフェンがこれに取って代われば理想的です。

その他、グラフェン内の電子は特殊な挙動を示し、物理学者にとっては大いに興味を惹かれる対象です。というわけでグラフェンの研究は爆発的に進展し、２０１０年には発見者のガイムとノボセロフがノーベル物理学賞を受賞しています。またグラフェンフィーバーは、炭素以外のさまざまな元素でできた、2次元シート状物質の研究を大いに発展させることにもつながりました。

化学合成でナノカーボンに挑む

ここまで紹介してきたナノカーボン類の製法は、いずれも物理的手法——すなわち、炭素をいったん原子状態にまでばらばらにし、一定の条件のもとで再集合、成長させるという手段によっています（剝離法によるグラフェン製造は除く）。この方法は、簡便な手法で一挙に巨大なナノカーボンを作り出せる利点はありますが、反面細かい制御ができません。望みのサイズのものだけを作ったり、炭素以外の元素や置換基を好きな場所に組み込んだりということが、原理的に難しいのです。これらが自由に作り出せるなら、ナノカーボンの世界は何十倍にも広がるはずです。

化学合成による手法——すなわち、フラスコ内での化学反応を繰り返し、原子単位で一歩一歩分子を組み上げていく手段によれば、かなり自由度高く、各種の物質を設計、合成できます。ただし手間暇はかかりますし、複雑な構造のものを作るにはかなりの工夫と試行錯誤が必要になります。

フラーレン類の中で最も小さいC_{60}でも、化学的合成は困難を極めます。すでに1985年のC_{60}

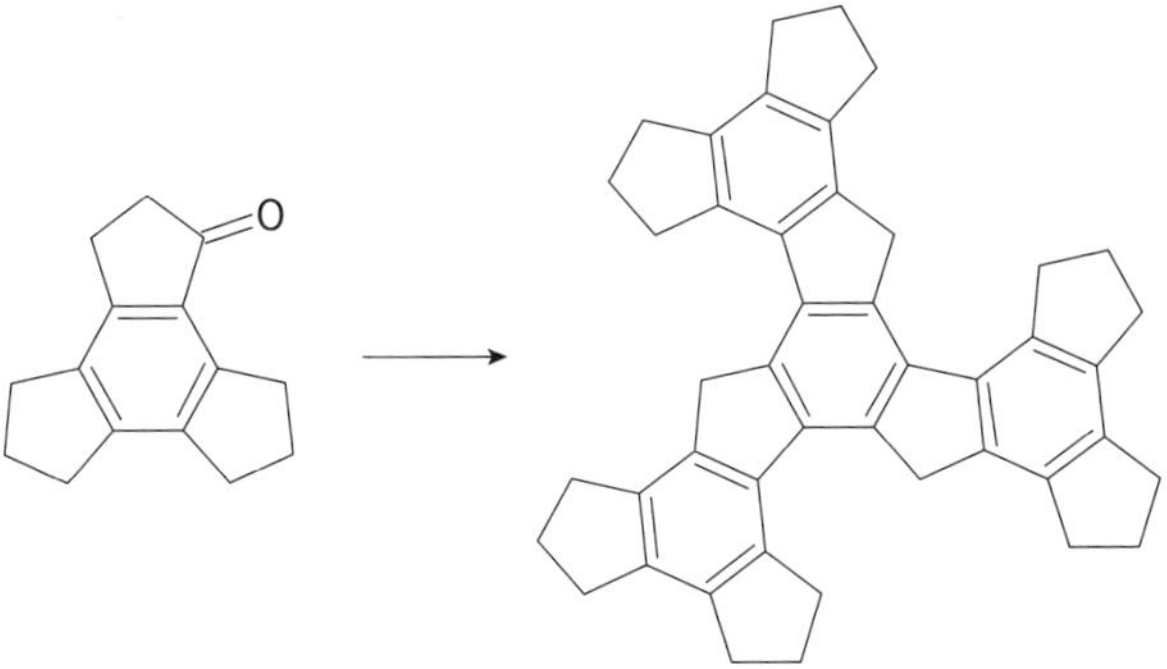

ラサらによるC_{60}合成トライアル

発見以前、米国のオーヴィル・チャップマンはこの構造を思いつき、合成に挑んでいたといいます。その後も多くの化学者が、フラスコ内でサッカーボール分子を作り出すチャレンジを続けてきましたが、なかなか実現には至りませんでした。

フラーレンの化学合成が難しいのは、要するに「曲がっているから」の一言に尽きます。本来平面であるべき芳香環を、球面状に曲げるには高いエネルギーを必要とし、この壁を乗り越えることが困難なのです。

たとえばフランスのアンドレ・ラサらは、トリインダンという炭素15個を含むユニットを4つ結合させれば、C_{60}の骨格が出来上がることに気づきます（上図）。これは素晴らしい発想でしたが、実際にはトリインダン3分子がつながった、平面的な分子ができただけに終わりました（上図）。硬い木の板を球面に丸めることが難しいのと同じで、ここからC_{60}に持っていくことは残念ながら実現

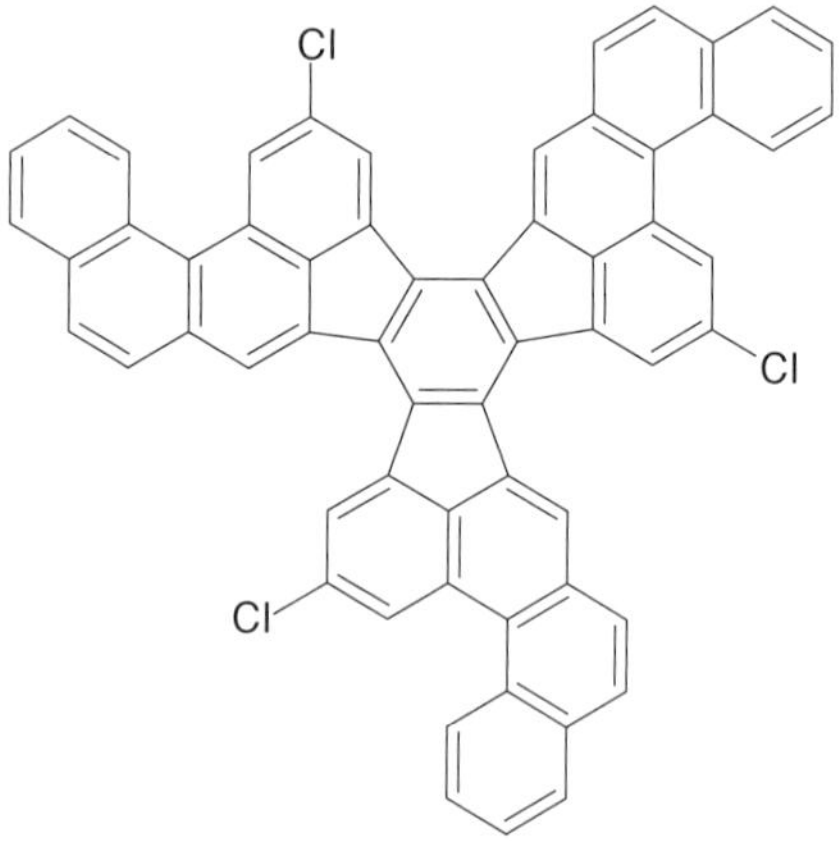

C_{60}の前駆体

していません。

フラーレンの化学合成が成ったのは2002年のことです。米ボストン大学のローレンス・スコットは、11段階の化学反応を積み重ねて上図のような平面的分子を合成しました。これは、C_{60}を押しつぶしてパンクさせ、平面にしたような形をしています。これを真空中で瞬間的に高熱処理する「フラッシュ・バキューム・パイロリシス」（FVP）を行なうことで、一挙にフラーレン骨格を構築したのです。高い熱エネルギーによって、芳香環に結合した水素原子がちぎれつつ、近くの炭素原子と結合していくことで、一気にサッカーボール型骨格が出来上がるというものです。

ただし、これが純粋な意味での「化学合成」といえるかというと、少々議論の余地がありそうです。FVPは、フラスコ内で試薬を加えて反応させる、いわゆる「化学合成」の手法とはほど遠く、収率（原料が、目的とする化合物に変換された割合）も約1％に過ぎません。逆に言えば、こうした力技に頼らない限り、フラーレンの曲がった骨格を作り出すのは難しいことなのです。

バッキーボウルの登場

とはいえ、何もフラーレンそのものを作り出すばかりが、化学者の目的というわけではありません。先ほど、フラーレンやカーボンナノチューブの面白みは、芳香環が曲がっていることによる性質の変化にあるといいました。であれば、コランニュレンのようにフラーレンの一部を切り出した形でも、面白い性質が表れることが期待できます。

こうした、皿あるいはお椀のような形をした芳香族炭化水素をまとめて「バッキーボウル」(buckybowl）と呼んでいます。バックミンスターフラーレンことC_{60}の愛称「バッキーボール」(buckyball）の連想から来た言葉で、ボウル状をしていることから命名されました。

丸みを持った芳香族炭化水素は、どのような分子であればよいでしょうか？　正六角形だけをつなぐのでは、どこまで行ってもただの平面にしかなりません。ボウル状に丸くなるためには、5員環を加える必要があります。

C_{60}の一部を切り出した形としては、コランニュレンの他に次ページの図のような化合物が考え

スマネンの3Dモデル

られます。これは古くから考えられていた分子で、合成される前から「スマネン」（sumanはサンスクリット語で「花」の意味）の名が与えられていました。一見シンプルな構造ですが、合成するとなるとなかなかの強敵です。

難物のスマネンを征服したのは、平尾俊一（現・大阪大学名誉教授）・櫻井英博（当時分子科学研究所、現・大阪大学）らのグループでした。彼らが用いたのは、まずsp^3炭素で6員環を作っておき、ここから水素を取り除くことで芳香環化するという手法でした。骨格を形成する手法も実にエレガントで、数学の美しい証明を見るような見事さがあります。

スマネンはコランニュレンよりやや深い、皿のような構造です。このため結晶状態では、皿を重ねるようにスマネン分子が積み上がります。この積み重なったπ電子の柱は、弱いながら電気を通すことが可能です。

またこのボウルは、1秒間に1回程度のゆっくりしたペースで反転が起きています。金の基板の上に並べたスマネン分

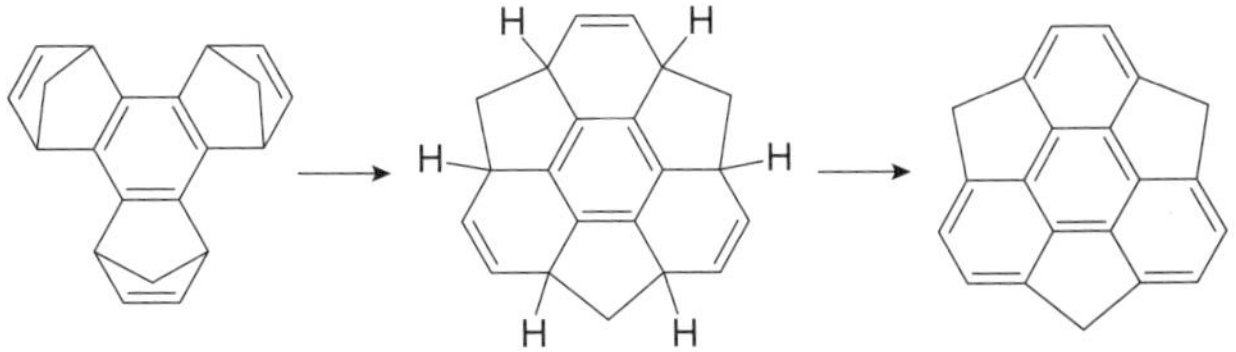

平尾・櫻井らによるスマネン合成。左の分子に、二重結合を切って組み替える「オレフィンメタセシス」という反応を行なって骨格を作り、ここから水素を除くことでスマネン（右）とする

子を、探針と呼ばれる微細な針で押すことによって反転させることにも成功しています。これは、分子レベルのスイッチや高密度メモリなどとしての応用が考えられています。

スマネン分子はさまざまに細工がしやすいため、ここにさらに炭素骨格を組み込んで、フラーレンを合成する足場にもなりえます。また、窒素やケイ素、イオウなどさまざまなヘテロ原子を組み込んだスマネンも作り出されており、有機電子デバイスなどへの応用が期待されています。曲がったπ電子系という、現在注目される分野の「顔」というべき化合物でしょう。

ベンゼン環で作るリング

カーボンナノチューブは、直径やねじれ方のバリエーションが多く、狙った一種類だけを作ったり、精製して分けとったりすることも難しいと述べました。そこで、化学合成の力で狙ったものを作る研究が、盛んになされています。

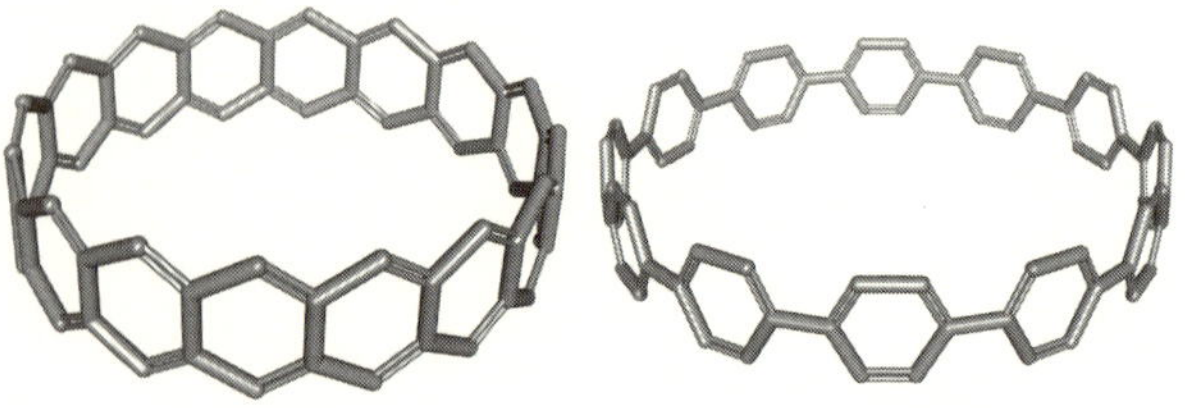

シクラセン（左）とシクロパラフェニレン（右）

といっても、化学合成の手法では、原子を少しずつ組み込んでいくことしかできません。いきなり長いチューブを作り上げようとするのは、無理な相談です。そこで第一歩として、カーボンナノチューブを薄く輪切りにした形の分子を作ることが考えられます。その基本的なパターンとしては、ベンゼン環の辺同士をつないで環にした上図左のようなものと、ベンゼン環同士をネックレスのように単結合でつないだ上図右のような分子が考えられます。

このうち上図左の分子にはシクラセンという名がついていますが、長年の化学者の努力にもかかわらず合成はいまだ実現していません。先に述べた通り、ベンゼン環を直線的に縮環させた形のポリアセン類は、長くなるほど不安定になることが知られており、シクラセンも安定には存在できない可能性があります。

ベンゼン環がパラ位で連結した形のシクロパラフェニレン（CPP）も、見た目以上の難物です。何度も述べている通り、芳香環を曲げることは難しく、また曲がった芳香環は安定性が低下するため、思わぬ反応が起きてしまうからです。CPPはシンプルで美し

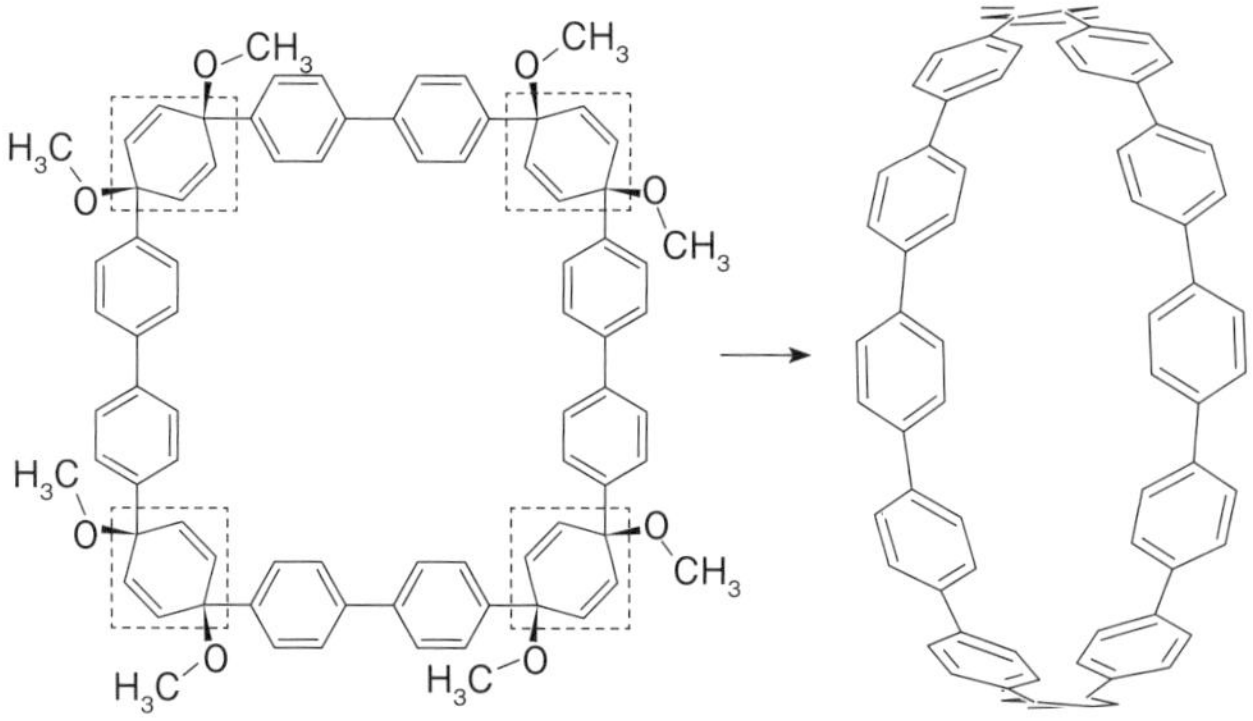

ベルトッツィらの［12］CPP合成

い形状ゆえ、古くから合成のトライアルは行なわれてきましたが、実現したのはようやく2008年になってからのことです。キャロライン・ベルトッツィ、ラメシュ・ジャスティ（当時カリフォルニア大学バークレー校）らのグループが、9個、12個、18個のベンゼン環が環になったCPPの合成に成功したのです（それぞれ［9］CPP、［12］CPP、［18］CPPなどと略記します）。

　ベルトッツィらが成功した理由は、環の一部にsp^3炭素を含んだシクロヘキサジエン環を配置しておいたことです。ここで折れ曲がることができるので、ベンゼン環に無理をかけることなく合成を進められます。最終段階で、シクロヘキサジエン環をベンゼン環に変える反応を行ない、無事CPPの合成に成功しています。出来上がったCPPは、全体に均等にひずみが分散されるので、十分に安定です。

こうして一度壁が破られると、急速に進展するのが科学の世界の常です。京都大学の山子茂らは、ベルトッツィらとは異なる独自の手法で、CPPの合成を達成しました。これにより、最小サイズの［5］CPPの合成、またリングの内部にフラーレンを取り込んだ土星型分子の合成、ベンゼン環のみによる「かご状分子」の合成など、幅広く研究を展開しています。

また東京大学の磯部寛之らは、ベンゼンではなく4環性のクリセンをつないだ化合物の合成など、異なる視点からのナノリング研究に取り組んでいます。近年では、パラ位でなくメタ位で芳香環を結合させた化合物の合成など、独自の展開を見せています。

サイズの揃ったチューブへの挑戦

一方、名古屋大学の伊丹健一郎・瀬川泰知らも、ナノカーボンの合成化学において大きな貢献を果たしています。CPPの合成にも早い時期から取り組み、ここまで多くの誘導体を世に送り出しています。

先程述べたように、サイズや巻き方が揃ったカーボンナノチューブを作り出す足場として、CPPは重要です。しかし、CPPの環を上下に伸ばしてチューブにするのは、また違った難しさがあります。化学合成の手法で、CPPに炭素をひとつひとつ結合させて伸ばしていくのでは、とても長大なカーボンナノチューブを作ることなどできません。化学合成の手法により、CPP

同士を積み重ねたり、ベンゼン環を付け加えたりして、2段3段と伸ばしていくトライアルも行なわれていますが、今のところ成功例はありません。

しかし2013年、伊丹らのグループは、CPPをもとにしたカーボンナノチューブの生成に成功しました。[9]CPPまたは[12]CPPをサファイアの基盤に塗りつけ、ここに高温でエタノールを作用させたところ、このCPPを元にエタノール由来の炭素が積み重なり、カーボンナノチューブができることが確認されたのです。

できたカーボンナノチューブの直径を調べると、テンプレート（鋳型）に用いたCPPとほぼ同じ太さのカーボンナノチューブが生成していることがわかりました。直径の制御は完璧でなく、多少幅がありますが、まずCPPを元に炭素が積み重なってできたものと考えてよいと思われます。いわば、精密制御ができる化学合成と、一挙に巨大分子を構築可能な化学気相成長法の「いいとこ取り」をしたわけです。まだ完全な制御には至っていませんが、ナノカーボンの科学における重要なブレイクスルーといえるでしょう。

カーボンナノベルト誕生

CPPをテンプレートとしたカーボンナノチューブ合成で、完全なサイズの制御ができていないのは、ベンゼン環を結合一本でつなぎ合わせたCPPでは、カーボンナノチューブ合成の際の高熱に耐えられず、壊れたり構造が変化したりしてしまうためと考えられます。

となれば、もっと丈夫な原料が必要です。考えられるのは、ベンゼン環を辺でつないだ化合物です。こうした化合物は昔から考えられており、「夢の分子」とされてきました。たとえば次ページ上図のような、ジグザグ形にベンゼン環が連結した「シクロフェナセン」は、何人かの化学者が合成に挑んでいますが、完成には至っていません。東京大学の中村栄一・松尾豊らが、フラーレンに10個の置換基を取り付けることで、シクロフェナセン骨格を含んだ分子を作り出したのが、これまで唯一の例となっています。

また、ドイツのフリッツ・フェクトルも、1980年代から次ページ下図のようなベルト状化合物を考え、合成に挑んでいました。CPPはカーボンナノチューブの薄切りといいましたが、もう少し厚く「輪切り」した形に当たる分子です。時代背景を考えれば驚異的な先見性というほかなく、合成が実現していれば化学の世界も変わっていたかもしれません。

こうした合成の失敗例は、ほとんどの場合論文にはなりえず、従って第三者の目に触れることはありません。実際には、日の目を見ずに埋もれている合成研究が、他にも数多くあるはずです。

というわけでこうした「カーボンナノベルト」は、長らく化学者の「夢の分子」であり続けてきました。しかし2017年になり、ついにカーボンナノベルトの合成が、先述の伊丹・瀬川らのグループにて成し遂げられました。この件は有機化学分野の業績には珍しく、テレビや新聞などで広く報道されるニュースとなりました。

この論文の審査員の一人は、「これはスタートの号砲である」と評したそうです。切り開かれたこの突破口をもとに、カーボンナノチューブへの延長、さまざまな誘導体の合成、機能の付加など、激しい研究競争が始まることでしょう。すでに伊丹・瀬川らは、ベンゼン環が12個・16個・24個のカーボンナノベルト合成に成功しています。現段階では思いもよらぬような成果が、

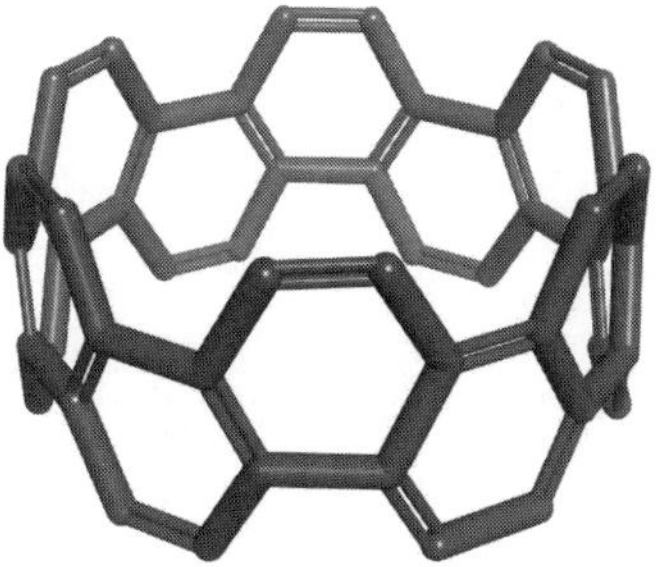

［12］シクロフェナセン

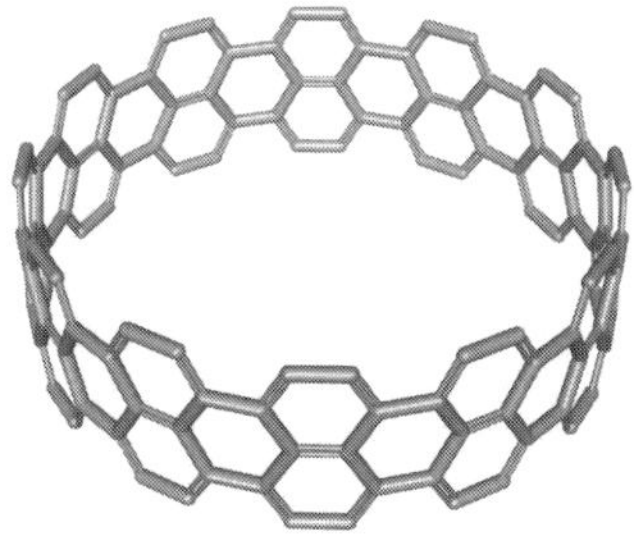

フェクトルのベルト分子

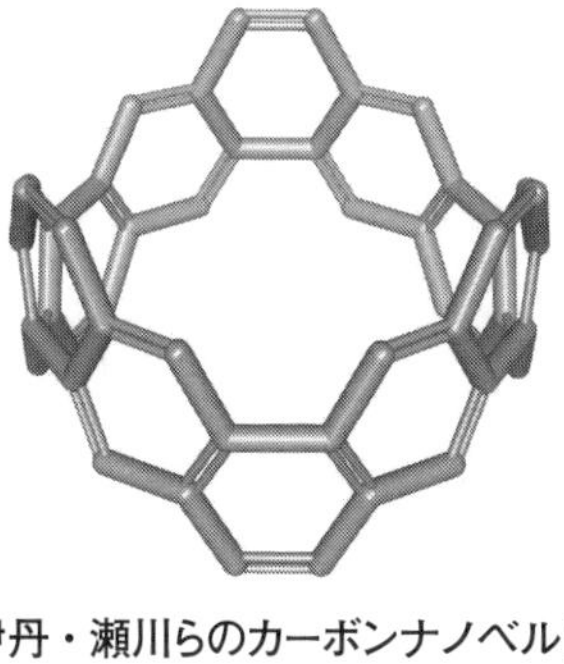

伊丹・瀬川らのカーボンナノベルト

必ずやここから生まれてくるに違いありません。

ナノグラフェンの可能性

第3章で見た通り、ベンゼン環を多数つないだ多環式芳香族炭化水素は、多数作り出されています。一方、ベンゼン環が無限に広くつながったグラフェンは、それらとは違った性質を示します。では、その中間に位置する、数十から数百程度のベンゼン環が縮環した化合物は、どのような性質を示すのでしょうか。

これらはナノグラフェンと呼ばれます。特に、リボンのように一定の幅で長く芳香環がつながったものは「グラフェンナノリボン」と総称されます。通常のグラフェンは金属と同じように電気をよく通しますが、幅10nm未満のグラフェンナノリボンは半導体としてはたらくことがわかっています。もしこれを自在に制御して精密に配置できるなら、集積回路の新しい材料の非常に有力な候補となります。

これらナノグラフェンは、巨大なグラフェンにはない「へり」があり、その形状や置換基によって性質が変化します。したがって、望みの構造のナノグラフェンを狙って作る技術の開発が重要になります。

2009年、米国の2つのグループから同時に、意表を突く手法が『ネイチャー』誌に報告さ

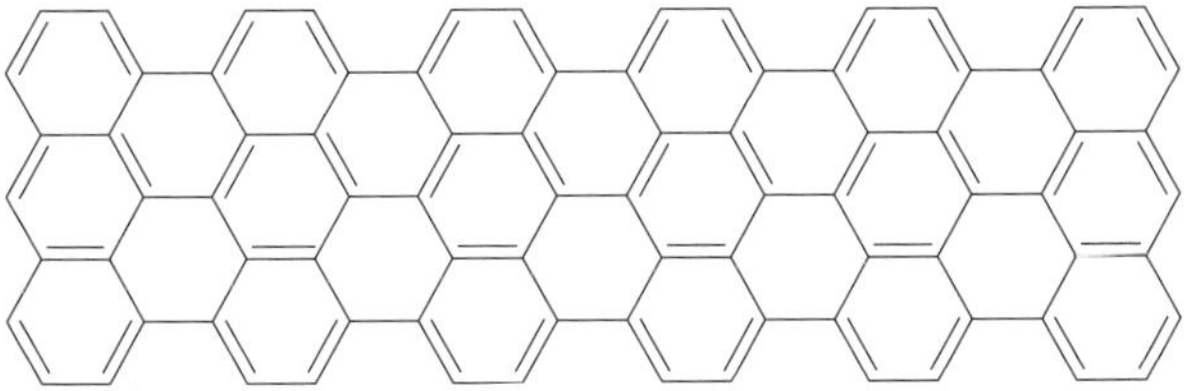

グラフェンナノリボンの例

れました。まるでジッパーを開くようにカーボンナノチューブを切り開いて、グラフェンナノリボンを作り出すというものです。同じような研究が異なる研究室からほぼ同時に発表されることは、科学の世界ではよくあることではありますが、やはり驚きではあります。ただし切開の方法として、スタンフォード大の戴宏杰らはアルゴンガスのプラズマを、ライス大学のジェームス・ツアーらは酸化剤（過マンガン酸カリウム）を用いており、技術的には全く別物です。

この手法はへりの置換基やリボンの幅を完全に制御することができないという欠点はありますが、大量生産が可能という大きな利点があります。用途が開ければ、真っ先に実用化されるのはこの手法かもしれません。

一方、化学合成によるナノグラフェン合成は、精密な構造制御が可能であるのが長所です。例によって手間暇がかかるのが難点ですが、これを克服する方法も開発されつつあります。この分野の第一人者は、ドイツのマックス・プランク研究所のクラウス・ミューレン教授で、さまざまな形状のナノグラフェン合成を報告しています。論文誌をぱらぱらめくっていて、蜂の巣のような模様が見えたらたいていミューレンの論文、というくらいに、質量とも優れた成果を上げています。

彼らが得意とするのは、まず多数のベンゼン環をつなぎ合わせ、そのへりについている水素を塩化鉄（Ⅲ）の作用によって切除しながら炭素-炭素結合を作り、広い面積の共役系を作り出す手法です。まるでマジックのようなこの手法で、比較的短工程で巨大なナノグラフェンの合成に成功しています。

こうした化合物の合成の難しさは、できたナノグラフェンの凝集しやすさも大きな要因です。薄く広いナノグラフェンは、お互いに貼りつき合って固まってしまい、溶媒に溶けにくくなってしまいます。こうなると精製や分析なども難しく、太陽電池や各種電子機器への応用も困難になります。左ページ図のナノグラフェンの場合では、長いアルキル基（図中ではRで示した）をあらかじめ導入しておくことで凝集を防いでいますが、これにも限界があります。

そこで近年、曲がった面を持つグラフェンも出現しています。先ほど、5員環が入ると全体が丸まってフラーレンのような球状の面ができると述べました。しかし7員環が入ると、全体が反り返った形になり、お互いがぴったりと重なり合いにくくなります。つまり溶媒にも溶け、扱いやすいのです。

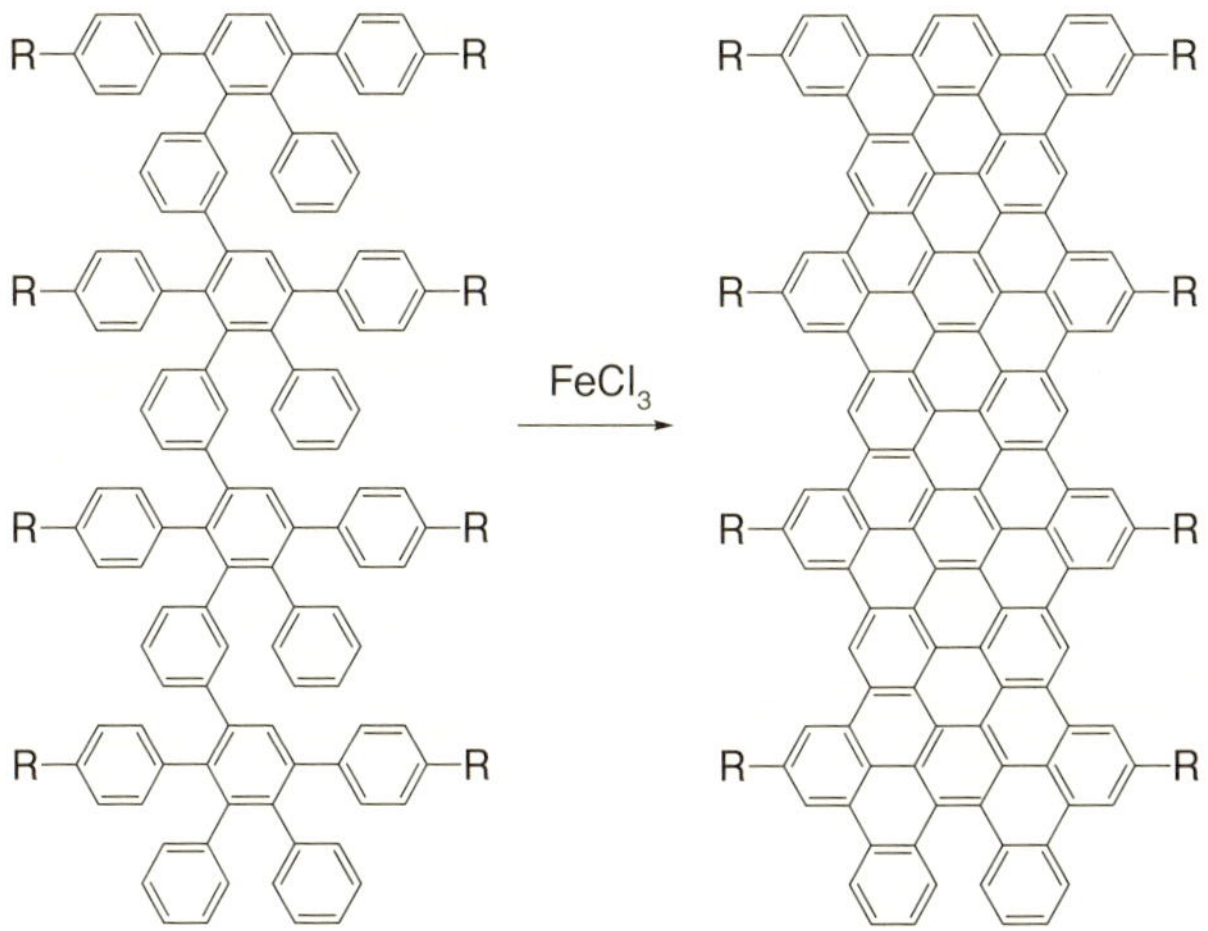

ミューレンらによるナノグラフェン合成の例

伊丹らはこうした7員環を含むグラフェンを、「ワープドナノグラフェン」と命名しています（次ページ）。溶媒に溶けやすいということは、精製や官能基化、膜の形成などが行ないやすいということであり、これらは決定的なメリットです。フラーレンやカーボンナノチューブ、ナノグラフェンと並ぶ一大ジャンルに成長する可能性も、十分にありそうです。

ここまで、日本人化学者の成果を数多く紹介してきました。これは何もえこひいきをして載せているわけではなく、本当に日本が世界をリードしているジャンルであるからです。化学合成による精密な制御が日本とドイツで進展し、一挙に炭素骨格を成長させるＣＶＤなどの方法が米国で盛んな

ワープドナノグラフェン

のは、国民性の違いが出ているかとも見え、面白いところです。

こうした新しいジャンルについては、さまざまな分野の研究者が乗り込んできて、それぞれの方法論やアイディアを持ち込むことが重要になりそうです。たとえばフラーレンやカーボンナノチューブの構造に関しては、数学者なども大いに貢献してきました。交流が互いの頭脳を刺激し、新たな発想が生まれることを大いに期待したいと思います。

第9章

芳香族化合物の空間に秘められた機能

空間をデザインする有機化学

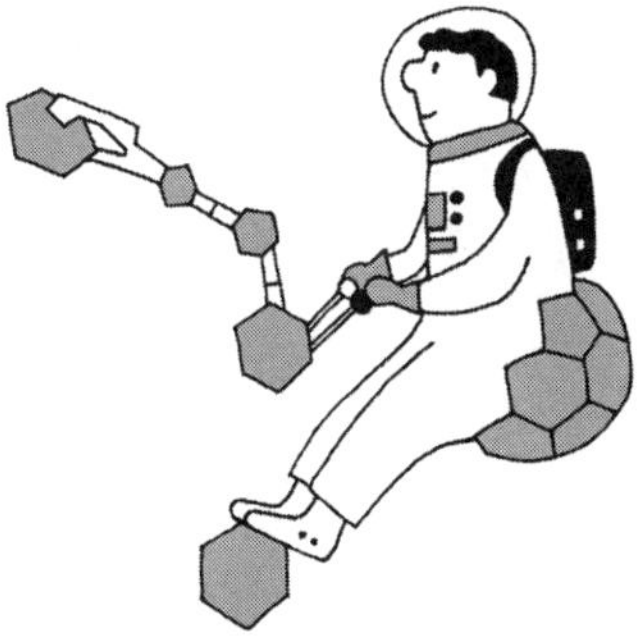

分子を引きつける力

原子と原子は共有結合という強い力で引き合い、分子という単位を作り出します。原子、分子の世界において、この力が最重要であることは論を待ちません。ただし、もし原子や分子の間に働く力がこれだけであったとしたら、世界はただ分子が散り散りばらばらに浮かんでいるだけで、水も地球も生命も存在し得なかったことでしょう。

実際には、共有結合よりずっと弱い、さまざまな力が分子と分子の間にはたらき、ゆるやかにお互いを引きつけあっています。このおかげで液体や固体などの状態は存在しえていますし、DNAやタンパク質の素晴らしい機能も、こうした分子間にはたらく力――すなわち「分子間力」あってのことです。

これら分子間力は、いずれも突き詰めれば静電相互作用、要するにプラスとマイナスの電荷が引きつけ合う力です。水素結合、ファンデルワールス力などいろいろ分類されていますが、いずれも分子表面の電子に偏りが生じ、できたプラスとマイナスが引き合うという点では同じことです。

芳香環は、広く電子が移動できるため、電荷の偏りが生じやすい（分極しやすい）環境にあります。また、芳香環は平面的であるため、互いにぴったりと重なり合うことができ、全体として強

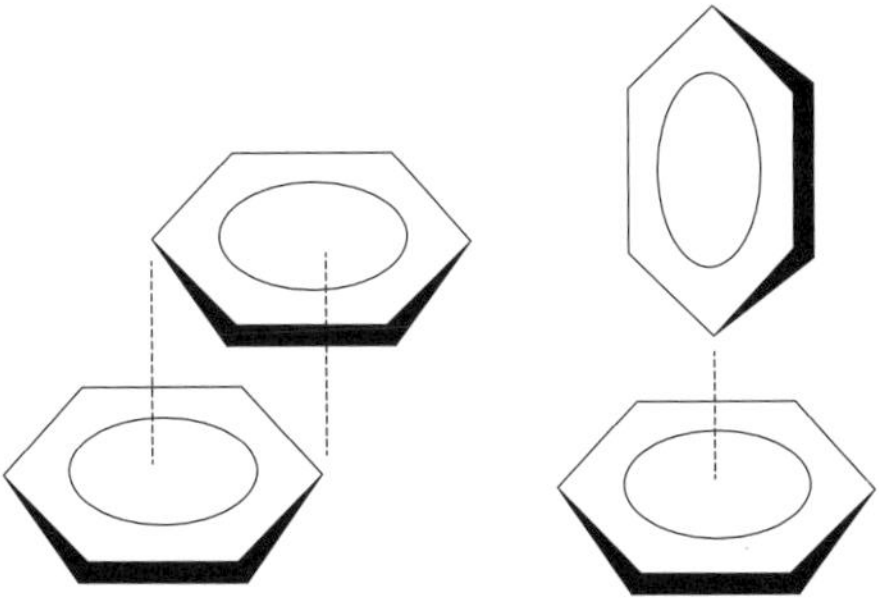

ずれた形のπ－π相互作用（左）、T字型のπ－π相互作用

い力がはたらくことになります。

このように、芳香環同士が引きつけ合うことを「π－π相互作用」あるいは「πスタッキング」と呼びます。面同士がぴったり重なり合う場合にもこの力ははたらきますし、少しずれた形で重なるケースもあります。また、芳香環の平面に対してもう一方の芳香環についた水素が向き合う形、つまり全体としてはT字型の配置になるような場合にも、引力が働きます。

π－π相互作用など、分子間力の強さは条件によって大きく変動するので一概にはいえません。目安としては、水素結合は共有結合の10分の1程度、πスタッキングは水素結合よりさらに弱い程度といわれます。ですので、単独ではあまり強い力ではありませんが、多数集まれば無視できない力になります。

その他、π電子を豊富に持つ芳香環は、陽イオンやヒドロキシ基の水素などとも、弱く引き合うことが知られています。要するに、芳香環はお互いに引きつけ合い、また他の分子を引き寄せる能力が、通常の炭化水素などに比べて高いといえるでしょう。

こうした性質は、いろいろなところで生きています。先にも少し触れましたが、DNAの核酸塩基対も、このπスタッキングによって積み重なっており、あの美しい二重らせんを支える力のひとつになっています。

医薬品分野でも、πスタッキングの力は活躍します。多くの医薬品がベンゼン環やヘテロ環を含んでいると述べました。これらは、標的となるタンパク質に含まれる芳香族アミノ酸と、πスタッキングによって結合しているものがあります。

たとえば世界初のアルツハイマー型認知症治療薬として有名な塩酸ドネペジル（商品名アリセプト）は、アセチルコリンエステラーゼというタンパク質に結びつき、そのはたらきをブロックすることで、記憶を改善する効果を示します。

ドネペジル分子は2つのベンゼン環を含んでいますが、これらはアセチルコリンエステラーゼの持つ2つのトリプトファンに対してπスタッキングし、結びつきます。その他、水素結合などいくつかの作用が相まって、標的となるタンパク質のはたらきを抑え込んでしまうのです。

芳香族化合物は、一般に結晶化しやすいことが知られています。結晶は、原子や分子が一定の繰り返しパターンで配列した固体です。互いに引きつけ合いやすい芳香族化合物は、こうした規

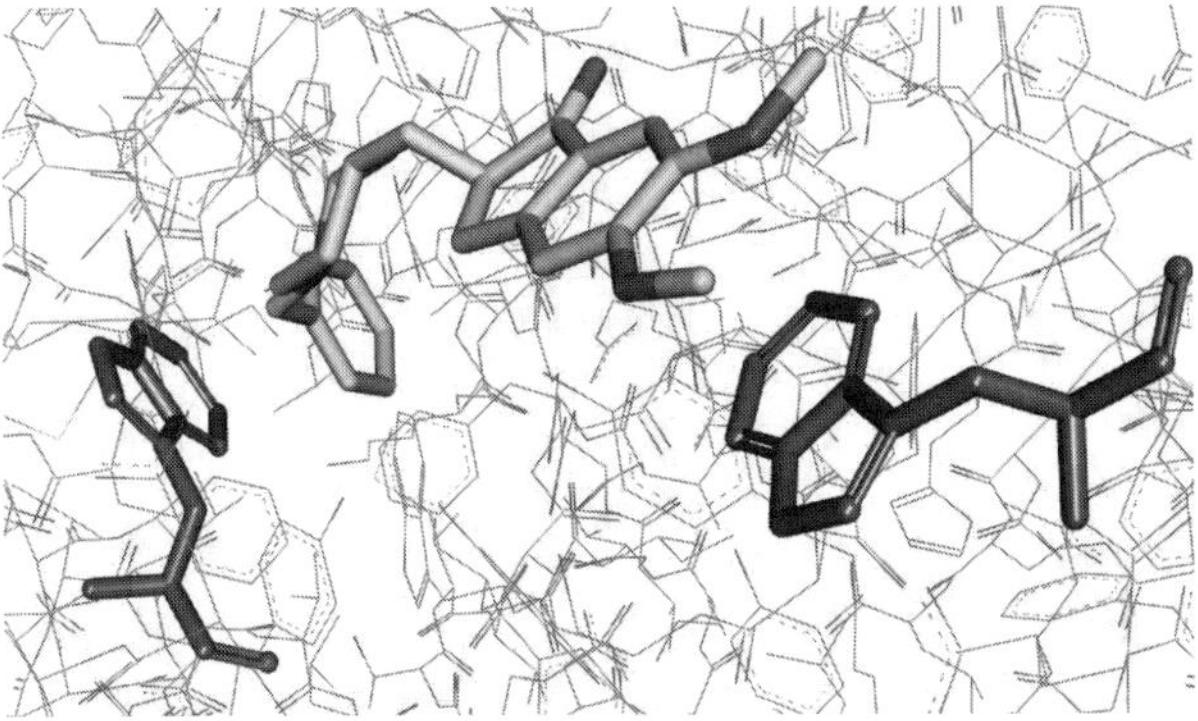

アセチルコリンエステラーゼに結びついたドネペジル分子（中央）。巨大なアセチルコリンエステラーゼ分子のうち、ドネペジル分子に結びつくトリプトファン部分のみを太い棒で、その他のアミノ酸は細い線で示す。トリプトファン分子のインドール環は、ドネペジルのベンゼン環とスタッキングしている

則正しいパターンに並ぶ傾向が強いのです。また、にょろにょろと動き回る飽和炭化水素などに比べ、分子全体の形が定まりやすいことも、結晶化しやすい要因になっています。

テレビやスマートフォンの画面に使われ、現代を象徴する製品である液晶材料にも、芳香環を含むものが数多くあります。液晶という言葉は、液体のように流動性を持ちながらも、分子の並ぶ向きにかなり高い秩序が見られる状態を指します。液晶ディスプレイの原理は、電場をかけることで液晶分子の配列を変化させ、それによって背後からの光を遮ったり透過させたりして、色合いや明暗を表現するというものです。

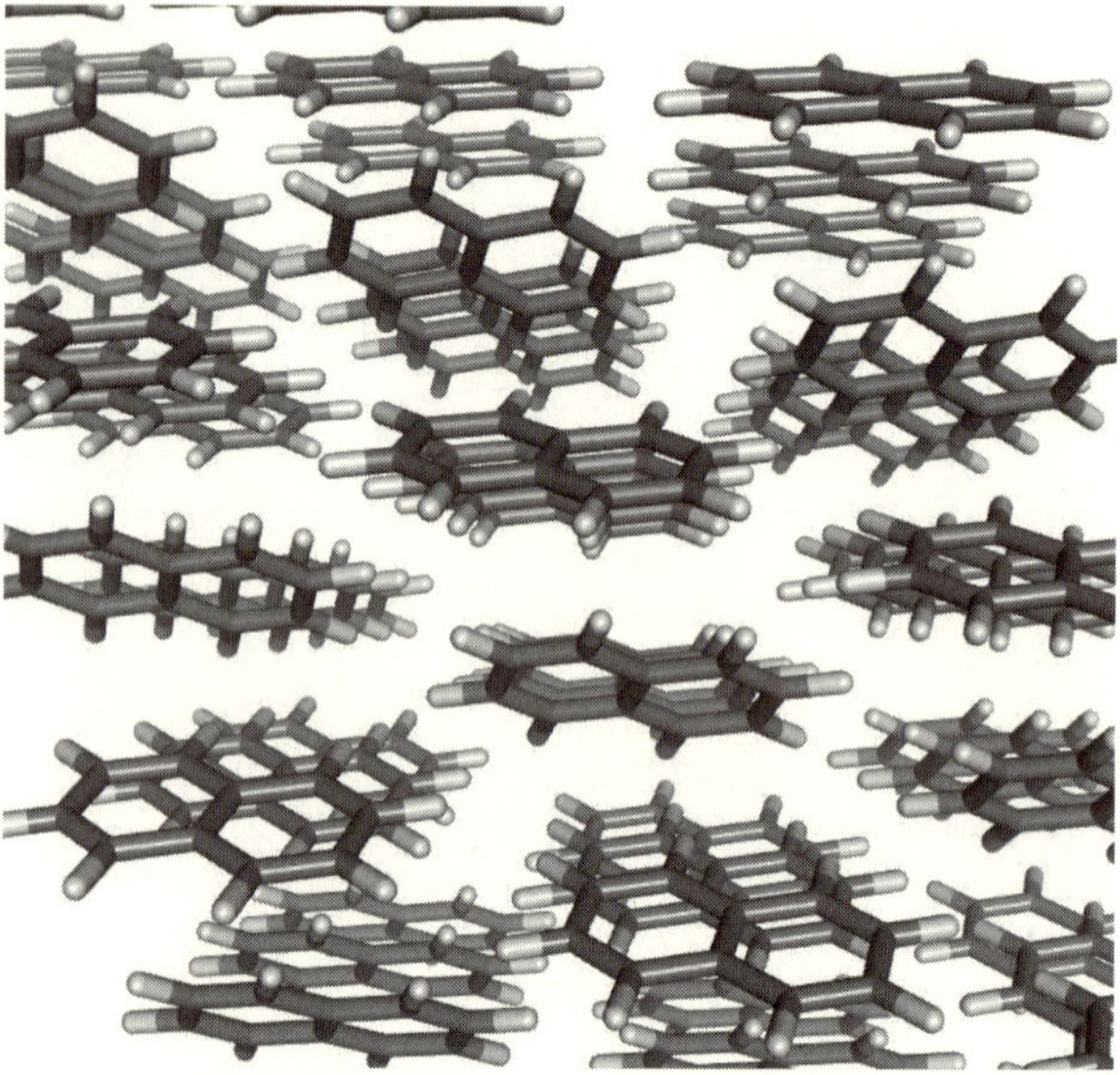

ナフタレンの結晶。分子が互いに引き合い、規則正しく並んでいる

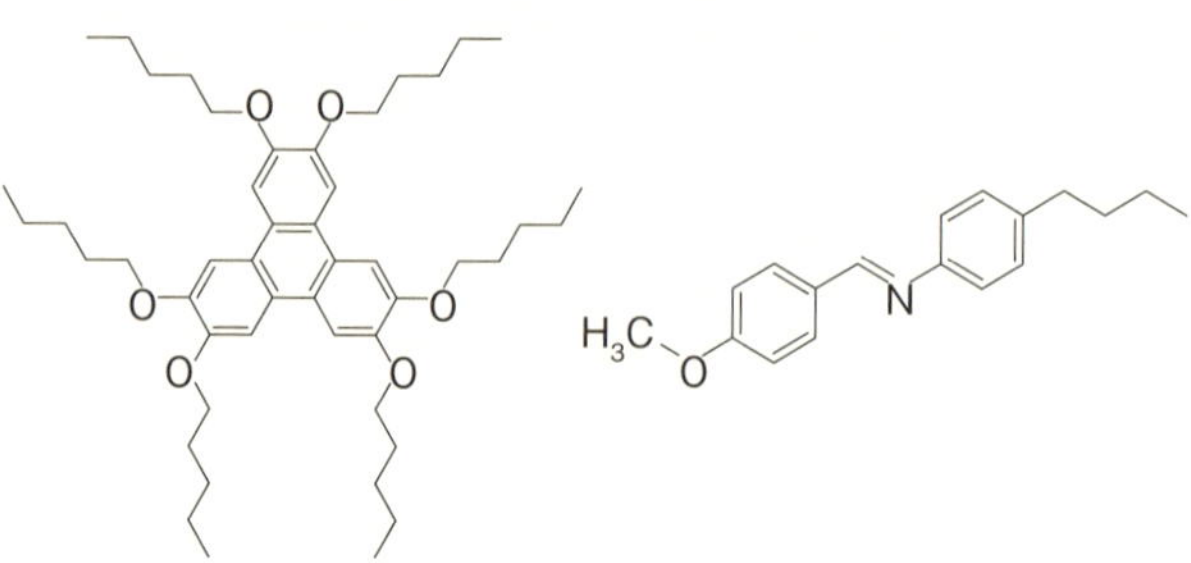

棒状・円盤状の液晶分子の例

液晶分子の多くは、芳香環などの変形しにくい骨格に、しなやかに動く長い炭素の鎖が結合した、棒状あるいは円盤状の構造をとります。要するに、結晶化しやすい部分と、液体になりやすい部分を組み合わせることで、両者の中間的な性質を引き出しているわけです。

究極の分子敷き詰め

芳香環の引き合う力は、分子デザイン次第でさまざまに活用できます。たとえば、分子を隙間や欠陥なく並べる技術にも、この力は応用されています。

後の章でも述べる通り、半導体や発光材料など、さまざまな機能を持った化合物が近年続々と報告されています。しかし、化合物の性能を決めるのは、何も分子の構造だけではありません。たとえば有機半導体などは、薄膜状に成形され、この中で分子から分子へ電荷が伝わってゆきます。この薄膜の出来が悪いと、化合物は持っているポテンシャルを発揮できません。

薄膜は、タイル張りの床のように、どこまでも一定のパターンで分子が並んでいくのが理想ですが、なかなかこうはいきません。薄膜は、ひとつの分子の周りに次の分子が並び、次々に成長して出来上がります。しかし、実際には1ヵ所のみから広がるのではなく、いくつかのポイントから同時進行で広がっていきます。このため、薄膜はいくつかの領域（ドメイン）に分かれてしまうのです。

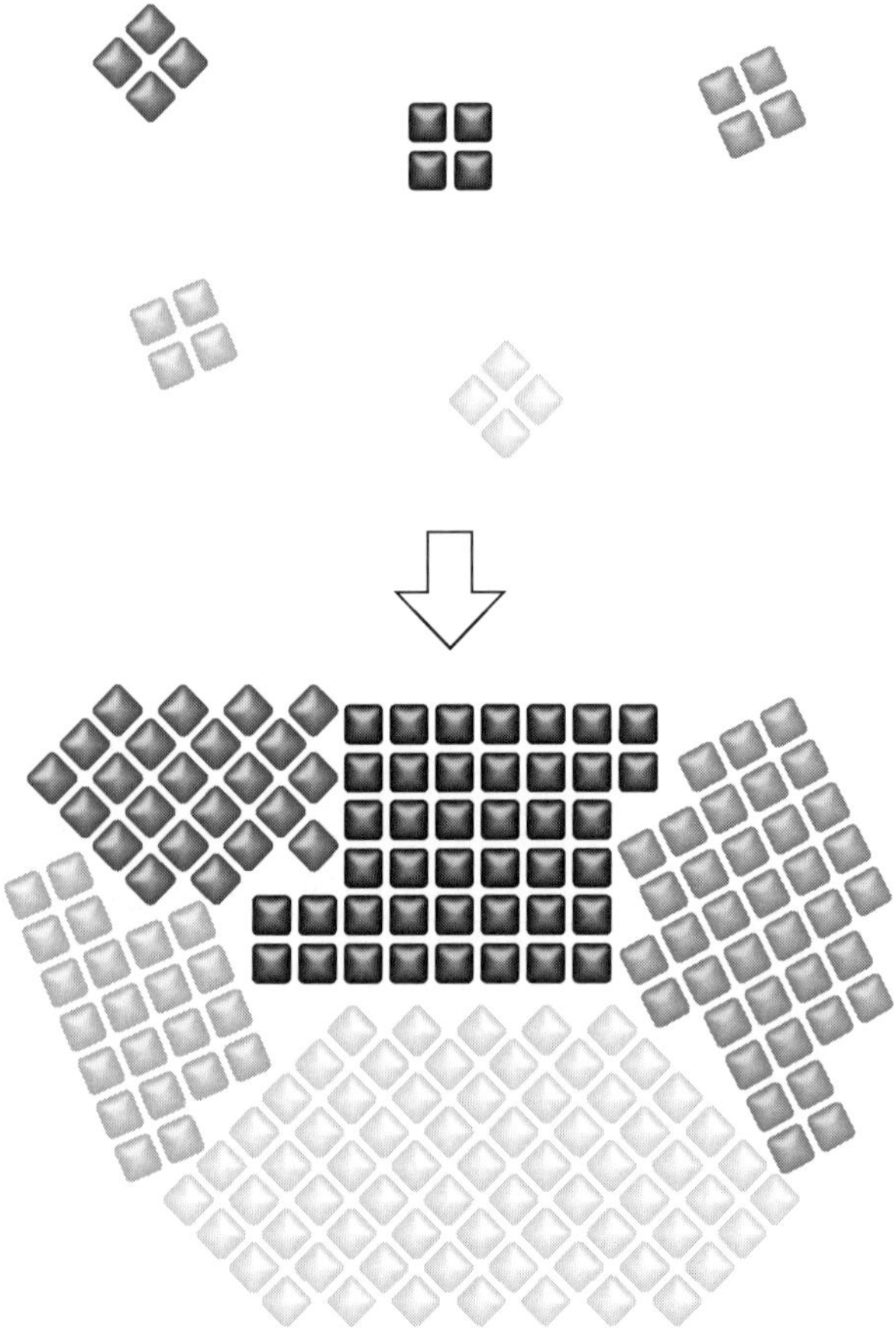

ドメインのできる様子の概念図

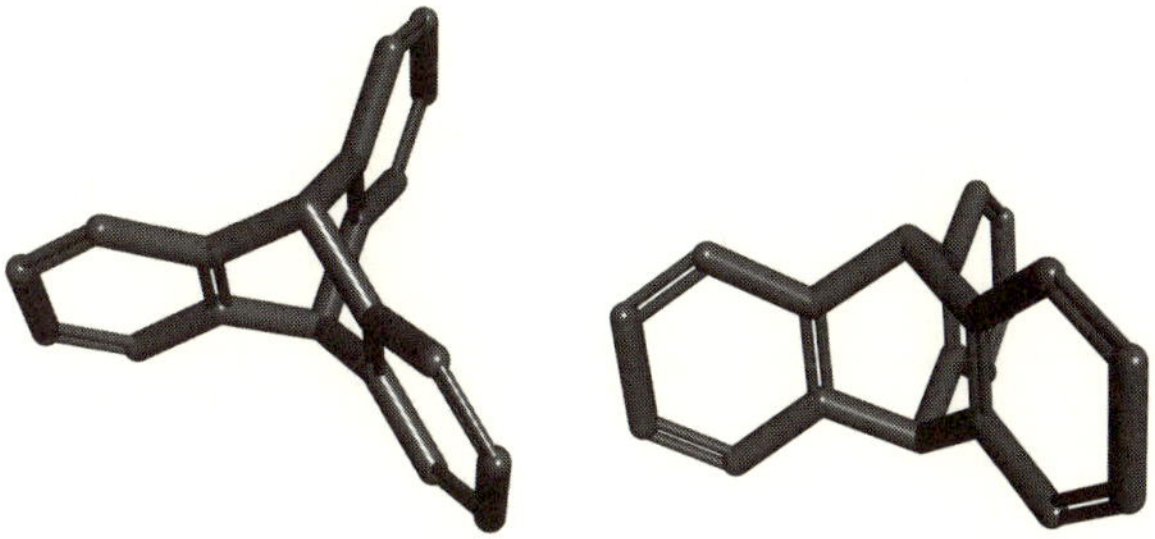

トリプチセン

有機半導体などでは、ドメインの境目では電子がうまく移動できなくなり、伝導度が下がることになります。またドメインがあると、薄膜の強度は低くなり、境界からひび割れたり剝がれたりしやすくなります。しかし、完全に欠陥のない薄膜を作る方法は、今まで知られていませんでした。

しかし最近、福島孝典教授（東京工業大学）のグループから、この「完全敷き詰め」を実現した報告がなされました。彼らが用いたのは「トリプチセン」と呼ばれる分子で、図のように3枚羽根のプロペラに似た形をしています。硬く変形しにくい構造であるため、今までにも機能性分子の構築に用いられてきました。

福島らは、トリプチセンの3枚のベンゼン環から、同じ方向に長いアルキル鎖が伸びた分子をデザインしました。トリプチセンの3枚羽根は、お互いに羽根の間にはまり込み、密に詰まったネットワークとなるのです。

この膜を放射光X線解析と呼ばれる手法で調べたところ、ドメイン境界を持たず、隅から隅までが全て規則的に並んでいることがわかりました。他の分子と同じように、いくつかの分子から同時進行で膜が広がってゆくのですが、ドメイン同士が出会うと互いに融合し、向きが自然に揃うのです。こうした構造は過去に例がなく、トリプチセン骨格の整列力の強さがわかります。単一ドメインでセンチメートル単位の薄膜が作れるといいますから、いわば畳をたくさんばらまいたら、ユーラシア大陸の果てまで畳が自発的に整列したことに相当します。

アルキル鎖は簡単に取り替えが可能ですから、この先端に機能性の分子を取り付ければ、欠陥のない大面積の配列を作れることになります。アルキル鎖がびっしり生えた表面は、いわば高密度のブラシに似ており、極めて平滑な炭化水素表面とみなすこともできます。

すでにこの技術を利用して、有機トランジスタや集積回路をプラスチック表面に形成することにも成功し、電気特性が劇的に向上することがわかっています。これまで、こうした「足場」のないプラスチック表面に、有機半導体などの分子の膜を作るのは難しいとされてきました。電気製品は硬くて曲がらないのが当然のように思われてきましたが、こうした技術の進展により、柔らかで折り曲げ可能な製品への道が開けてくることでしょう。

π電子で包む

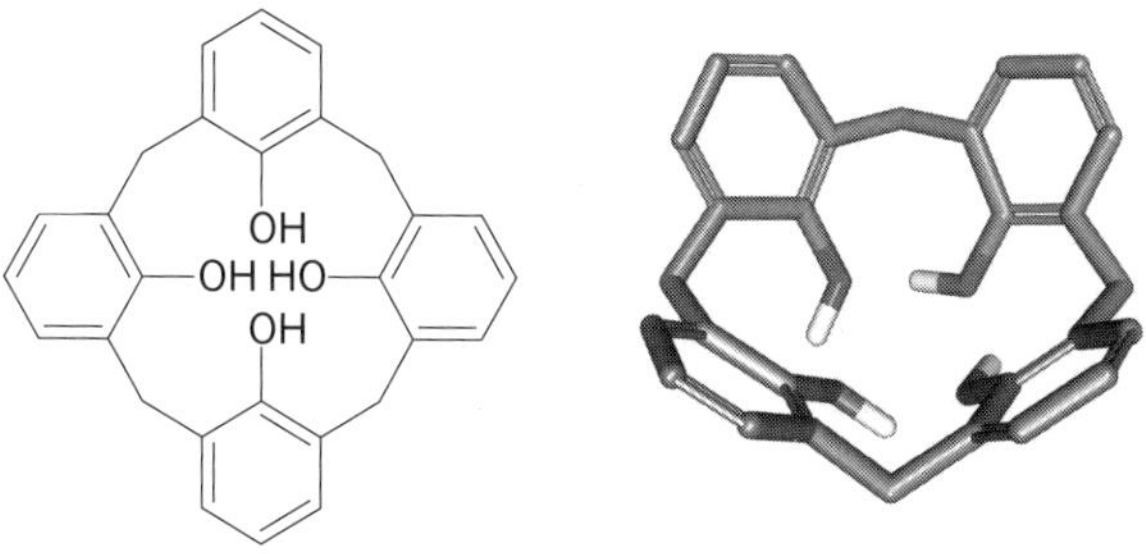

カリックス［4］アレーンの構造（左）と3Dモデル

先程から、他の化合物を引きつけるπ電子の話をしてきました。とはいってもπスタッキングはそう強い力ではないので、どんな分子でもぺたぺたくっつくというようなものではありません。しかし、たとえば芳香環がいくつか連結して大きな環になり、π電子でできた「トンネル」のような構造ができれば、その内部は分子を引きつける力を最大限に発揮できる空間になります。

こうした化合物で有名なものに、カリックスアレーンがあります。フェノール（ベンゼン環＋ＯＨ）単位が、炭素ひとつを介して環状につながった化合物で、１９７０年代にデイヴィッド・グッツェが初めて合成しました。平面的に描くと上図左のような構造ですが、３次元的にはカップのような構造を取ると考えられたため、ギリシャ語で「杯」を意味する「calix」から命名されました（実際には、フェノール単位がめくれるように動き、カップ状以外の構造を取ることもあります）。通常、フェノール単位の数を角括弧に入れて「カリックス［４］アレーン」のように表記します。

カリックスアレーンはその「杯」の中に、陽イオンやクロロホルムなどの小分子をつかまえることができます。このように、内部空間に小分子を取り込む分子を「ホスト分子」、取り込まれる分子を「ゲスト分子」と呼びます。変形しにくいフェノール単位が、「ちょうつがい」となるメチレン単位で結ばれていますので、カリックスアレーンは適当な硬さと、いろいろな大きさのゲスト分子に対応できる柔軟性を併せ持つのです。

カリックスアレーンは、フェノールの誘導体とホルムアルデヒドを、酸性条件で加熱するだけで簡単に得られます。今までの類似のホスト分子と異なり、一段階で簡単に作れるのは大きな魅力です。また、それぞれのフェノール単位はいろいろな反応を受け付けますから、化学者の好みに応じて種々の原子団を取り付けることが可能です。このため、カリックスアレーンは化学界の注目を集め、ホスト-ゲスト化学の分野において大きな一ジャンルを築く存在になりました。

カリックスアレーンの環が大きくなれば、もっと大きな分子も捕らえられます。たとえば重要な応用として、フラーレンを取り込むカリックスアレーンが知られています。両者はどちらも芳香環からできている似たもの同士ですので、非常に相性がいいのです。たとえばカリックス[8]アレーンの誘導体のひとつは、C_{70}やC_{76}など大きなフラーレン類の混合物中から、C_{60}だけを見分けて包み込むことができます。これによって、効率の良いフラーレンの精製が可能になりました。

杯と柱

カリックスアレーンの変種も、数多く作り出されています。ヒドロキシ基の数や位置が異なる「レゾルシンアレーン」、フェノールの代わりにピロールが環になった「カリックスピロール」などが作り出され、それぞれ研究が進んでいます。中でも、金沢大学の生越友樹らが世に送り出した「ピラーアレーン」類は、注目を浴びて世界中で研究が進められています。

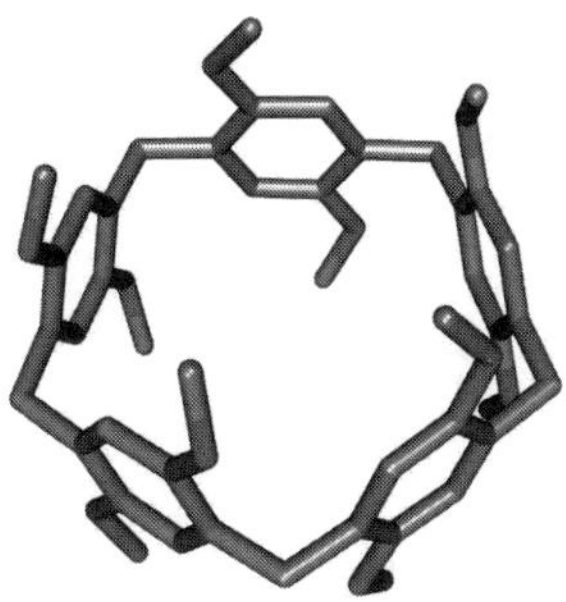

ピラー［5］アレーン

カリックスアレーンとピラーアレーンは、ベンゼン環がメチレン単位を介してつながり、大きな環を成している点は同じです。しかし、カリックスアレーンではメタ位で連結されているのに対し、ピラーアレーンはパラ位で連結しているという違いがあります。このため、前者が杯型であるのに対し、後者は円筒状の構造をとります。「ピラー」(柱)という名称の所以はここにあります。

もともと、フェノールとホルムアルデヒドを酸性で重合させるのは、ベークライトと呼ばれる合成樹脂の製造法です。

ピラーアレーンは、もともとこうした樹脂の製法を研究しているうち、偶然に発見されました。

ピラーアレーンは、芳香環が中央に向けて並んでいるため、π電子が豊富な空間ができています。このため、はたらく分子間力が弱いため、通常のホスト分子ではなかなか捕らえられない、飽和炭化水素などの分子さえも捕捉できます。

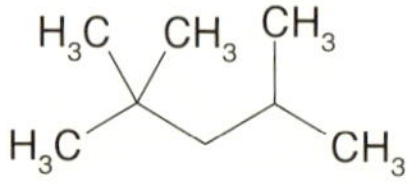

2, 2, 4-トリメチルペンタン（イソオクタン）

その応用として、たとえばガソリンのオクタン価を高める研究が行なわれています。ガソリンの主成分は各種アルカンなど炭化水素類の混合物ですが、このうち枝分かれが多いものは自己着火しにくい（＝エンジンがノッキングを起こしにくい、オクタン価が高い）ことが知られています。分岐の多い構造の2，2，4-トリメチルペンタン（イソオクタン）は高オクタン価成分の代表ですが、これを効率よく選り分けるのは難しいことです。

内部空間の狭いピラー［5］アレーンは、枝分かれのない直鎖アルカンを捕まえますが、それより広いピラー［6］アレーンは分岐のある炭化水素がよりフィットします。これを利用し、直鎖のn-ヘプタン（C_7H_{16}）と、枝分かれのある2，2，4-トリメチルペンタンの混合気体をこれらピラーアレーンにさらすと、両者をきれいに分離することができます。アルカンを捕まえ、分離することは他の技術ではなかなか難しく、ピラーアレーンならではの応用といえそうです。

PCP／MOFの一種。巨大なジャングルジムのような構造

配位高分子 ——空間をデザインする化学

21世紀の化学のトレンドを語る時、外せないのは「多孔性配位高分子」（PCP）あるいは「金属有機構造体」（MOF）と呼ばれる物質群です。この分野の先駆者となったのは京都大学の北川進教授及びカリフォルニア大学バークレー校のオマー・ヤギー教授らのグループですが、現在では多くの研究者が加わり、化学分野における一大潮流となっています。

PCP／MOFは図に示す通り、巨大なジャングルジムのような構造

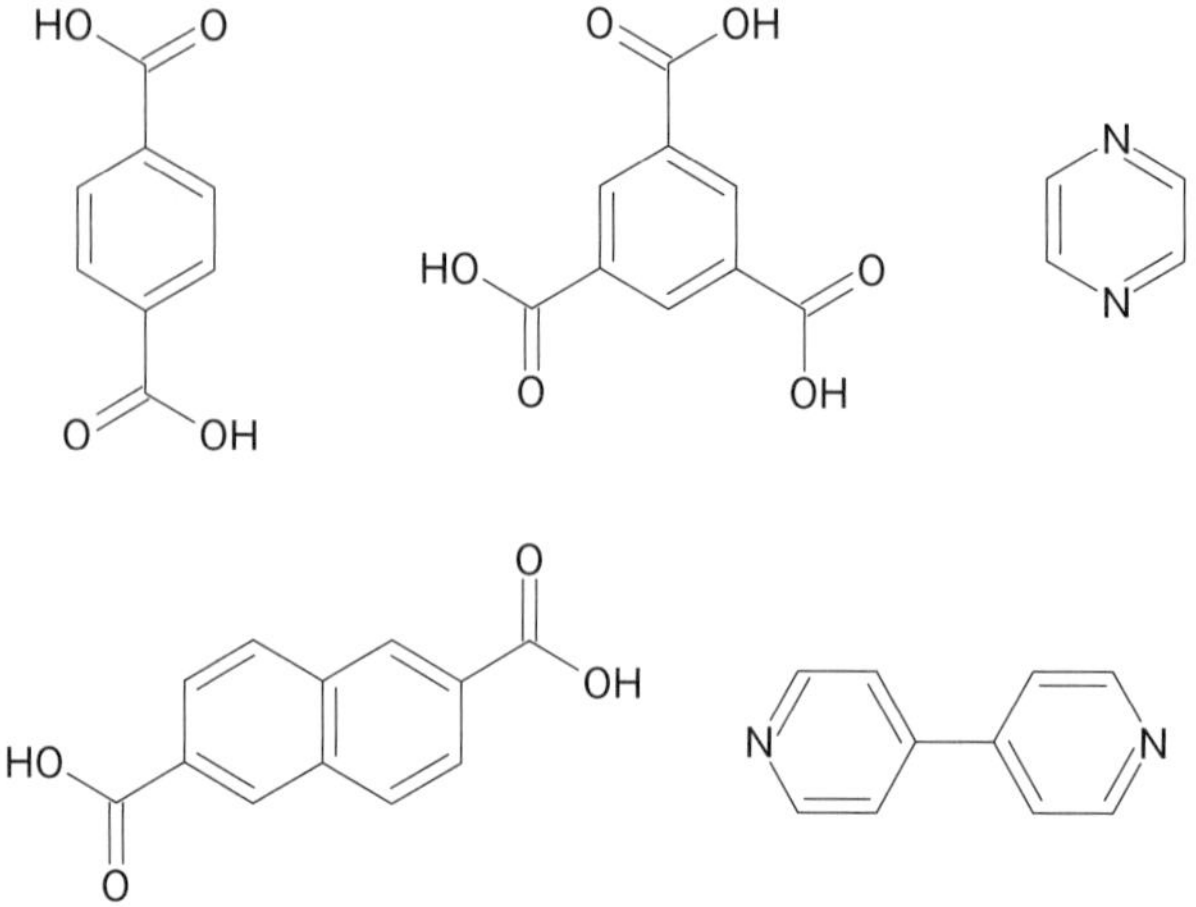

PCP／MOFに用いられる配位子の例

です。この壮大な構造体が、手間暇をかけることなく混ぜるだけで出来上がるというのが、この化合物のミソです。

多くの場合、非共有電子対を持ったアミンやカルボン酸などの化合物は、ひとつの金属原子に対して4分子、6分子など多数が配位結合します。そこで、ひとつの分子に配位可能な部分を複数箇所組み込んでおくと、これら配位子と金属原子が巨大なネットワークを形成します。

配位子の構造がフニャフニャと柔らかいものだと、スパゲッティのように絡まりあったものができるだけになります。そこで多くの場合、配位子としてはかっちりと形が決まっていて変形もしにくい、芳香族化合物を骨格としたものが用いられます。また、内部空間に他の分子を捕らえやすいという点も、芳香族化合物を用いるメリットです。

ＰＣＰ／ＭＯＦの特長は、その内部空間の広さにあります。変形しにくい芳香族化合物が支柱となっていますので内部はスカスカであり、丈夫な割に軽いのです。そして内部が空間だらけということは、非常に表面積が広いということになります。こうした物質の代表として活性炭があり、1グラムあたり1000～2000平方メートルという非常に広い表面積を持ちます。しかしＰＣＰ／ＭＯＦはそれをはるかに上回り、1グラムあたり1万平方メートルに達するものもあります。ひとつまみのＰＣＰ／ＭＯＦの結晶は、東京ドームのグラウンドに匹敵する表面積を持っていることになります。

これだけの表面積があるということは、内部空間が広く、物質を吸着しやすくなるということでもあります。特に、ＰＣＰ／ＭＯＦは各種の気体分子を吸着することが知られており、構造の工夫次第で決まった種類の気体だけを選択的に吸い込ませることも可能です。これには、たとえば気体から汚染物質だけを除去するような応用が考えられるでしょう。

アセチレンなど、ボンベで圧縮すると爆発の危険がある気体も、ＰＣＰ／ＭＯＦに吸収させれば安定かつ高密度に保存することが可能です。ジャングルジムのような内部空間で、アセチレン分子はそれぞれ一定の場所に「部屋」を得て落ち着くので、危険なく保管できるのです。

今までの化学は、新しい化合物を作り、その機能を調べることに主眼をおいてきました。しか

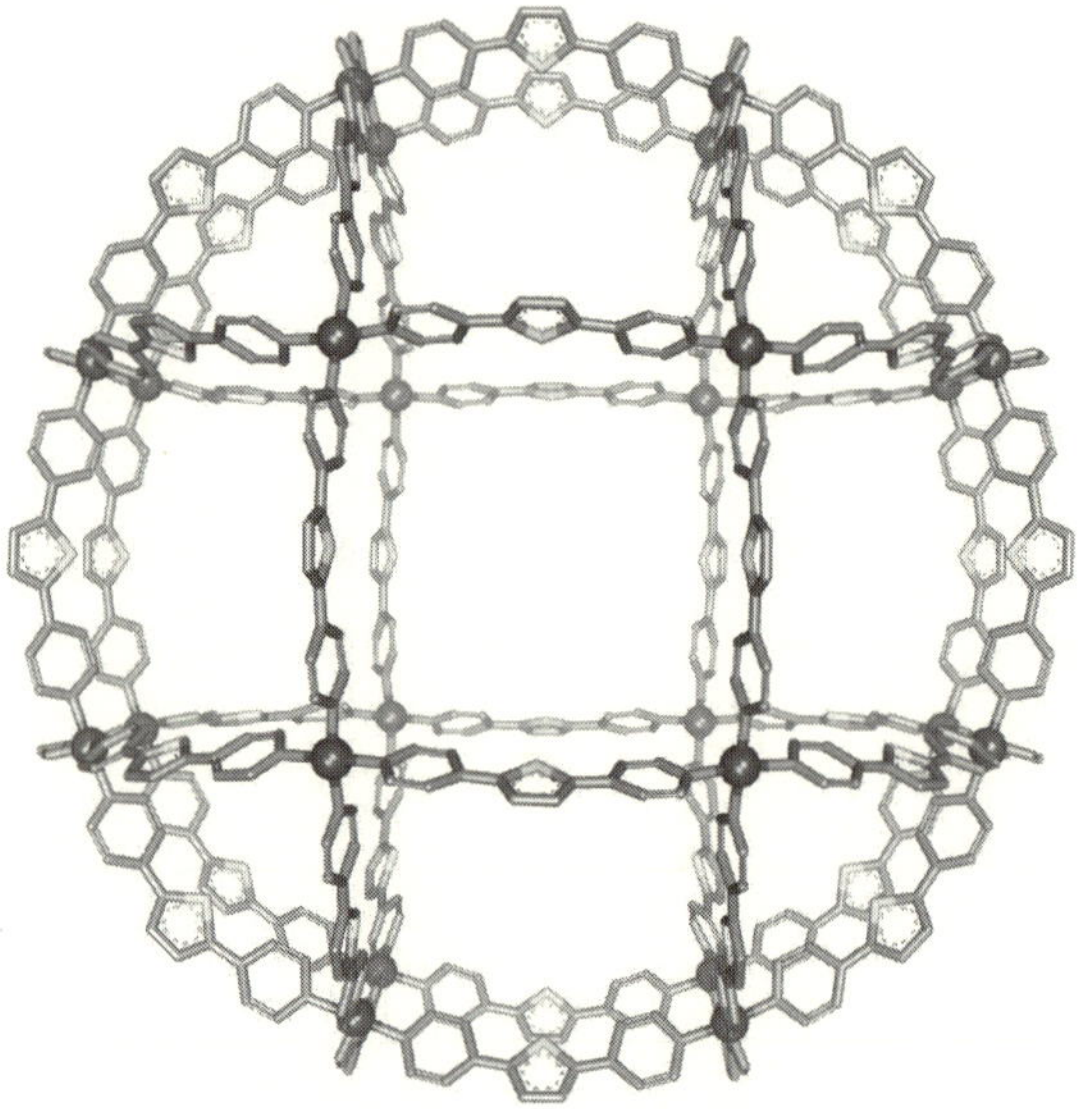

24個のパラジウムイオンと48個の配位子から成る、斜方立方八面体型の錯体。配位子はチオフェンにピリジンが２つ結合したもの。大きな球がパラジウム

しＰＣＰ／ＭＯＦの化学は内部に「空間」をデザインし、狙った機能を持たせようという方向で研究が進んでいます。このあたりが、ＰＣＰ／ＭＯＦの革新性でしょう。

その他、内部空間を化学反応の場として用いたり、磁性体を精密に配列させることで特殊な機能を持った磁石を創り出したりなど、さまざまな応用が考えられています。ＰＣＰ／ＭＯＦは近い将来、我々の生活を変えることになる物質群かも知れません。

内部空間のマジック

東京大学の藤田誠教授は、自己組織化の化学で世界的に知られる研究者です。構造を工夫した配位子と金属イオンを単に混合するだけで、命令したわけでもプログラムしたわけでもないのに、自発的に対称性の高い多面体などの構造が組み上がるというものです（右ページの図はその一例）。その美しい構造は、自然の力と人工的なデザインの調和した芸術作品というほかなく、眺めるたびにため息が出るようなものです。

これら多面体型錯体はもちろんただ美しいだけのものではなく、この内部空間を活用した独創的な研究が展開されています。たとえばこの内部に2分子を閉じ込めると、通常では起きない反応が起きるケースが報告されています。狭い空間内で強制的に接近させられた環境下では、通常不可能なことが起きてしまうのです。

これら、設計された配位子と金属イオンから複雑な構造体が出来上がるというのは、先ほどのPCP／MOFと極めて近い間柄にある研究です。内部空間を活かした研究が行なわれている点も同様であり、要するにネットワークができているか、球状の独立した錯体ができているかの差だけです。

実は藤田らも、早い時期からPCP／MOFに相当する化合物を発見し、研究しています。2013年には、その画期的な応用を発表しました。少々一般向けの説明は難しいのですが、世界の科学者を驚愕させ、今後化学分析そのものを大きく変える可能性がある研究です。

化学者の仕事は、実験をして新しい物質を創り出すこと――ではあるのですが、実はそれ以外のことにもかなり時間を取られます。たとえば、得られた物質がいったいどんな構造をしているか解き明かすのは、なかなか苦労がいります。核磁気共鳴分光法（NMR）など、分析手段の進歩によってずいぶん構造決定も楽にはなりましたが、どの手法も完璧ではありません。専門家がさまざまな分析手段を駆使し、長い時間をかけて分子構造を決定したものの、データの解釈ミスなどで取り下げや訂正がなされることは、珍しくないのが現状です。

構造を決定する手段として、最も理想に近いのはX線結晶解析という手法です。分析したい化合物の結晶にX線を照射すると、一定のパターンに並んだ分子がX線を散乱します。これをコンピュータで解析することにより、分子の詳しい構造が割り出せるのです。何しろ原子と原子の結合の長さや結合角などの詳細なデータまで求めることが可能ですから、これより信頼できる分析法は存在しません。

しかし、この方法の最大の弱点は、分析したい化合物を必ず結晶化させねばならない点です。油のようになってしまい、どうしても結晶にならない化合物はたくさんあります。結晶化させるにはある程度の量も必要ですし、どうにか結晶となっても、解析に適した質の良い結晶が得られないことも少なくありません。

また何より、「この化合物はこうすれば結晶化する」という、一般的な方法は存在しません。溶媒や温度、蒸発速度など、さまざまな条件を手当たり次第試しても駄目なときは駄目で、結晶作成に年単位の時間を要したという話も珍しくありません。不規則な形の有機分子が、うまく積み重なって結晶化してくれるには、偶然を期待して試行錯誤する他はないのです。

言ってみればこれは、校庭を自由に走り回っている子供たちが、偶然に、あるいは自発的に整列してくれるのを待っているようなものです。しかし、そこにあらかじめ机と椅子を並べておき、子供たちの好きな食べものでも置いておけばどうでしょうか。子供たちも自発的に席に着き、結果として整然と並んだ状態になってくれるかもしれません。

藤田らの開発した「結晶スポンジ法」の原理はこういうことです。内部に整然とした空間を持つPCP／MOFの結晶に、解析した化合物を流し入れると、文字通りスポンジのように化合物が吸収されるのです。化合物は「部屋」の中の最も適した位置に落ち着きますので、この状態でX線結晶解析を行なえば、目的の化合物の構造が割り出せるのです。

この方法では、今までどうしても結晶化しなかった化合物も、通常のX線結晶解析の手法によって詳細な構造を割り出すことができます。また、今までX線結晶解析にはミリグラム単位の化合物が必要でしたが、この方法ではナノグラムレベル、つまり今までの数万分の一ほどで十分になります。今のところ、適用できる化合物には制約もありますし、誰もが使える手法というところまでは来ていませんが、まさに革命的な分析手段ということがおわかりいただけるでしょう。

それにしても、他にもPCP／MOFの研究者はたくさんいるのに、なぜ藤田らだけがこの方法の開発に成功したのでしょうか？　その秘密は、結晶スポンジを構築する配位子にあったようです。通常のPCP／MOF化合物では、単に隙間にゲスト化合物が入り込んでいるだけであり、空間内部で化合物がフラフラと動くので、きちんとした回折像が得られないのです。いわば、あちこち動き回る人をカメラで撮っても、ブレて鮮明な画像にならないのと同じです。

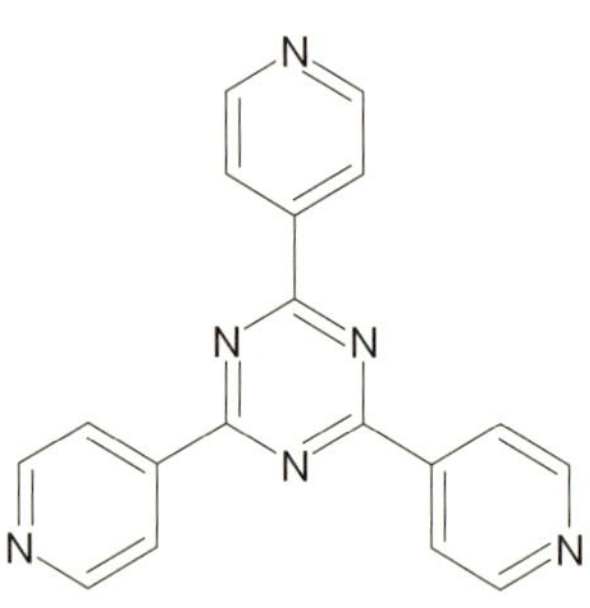

藤田らの用いた配位子

一方、藤田らが用いたのは、窒素を3つ含むトリアジン環に、ピリジンが3つ結合した化合物です。窒素を多く含むこの分子は全体として電子密度が低いため、他の化合物を引きつけやすいのです。その結果、この錯体はゲスト分子が固定されて張り付いた形になりやすいというのが、成功の要因でした。結晶スポンジ法は、すでに多くの複雑な化合物の構造解明に生かされており、海外でも着々と使用例が増えています。この方法が本格的に普及し、誰もが気軽に扱えるようになれば、医薬品から材料科学まで、幅広い分野に大きな進歩をもたらすことでしょう。

第10章

色彩を生み出す合成染料

色彩と芳香族

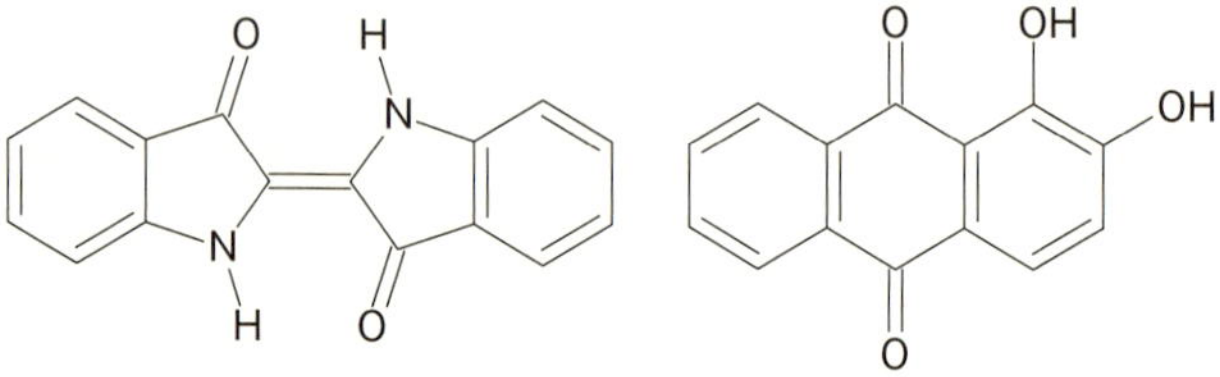

藍の色素・インディゴ（左）と、アカネの色素アリザリン（右）

芳香族と色彩

現代の我々は、鮮やかな色合いの衣服や日用品に囲まれて、日常の生活を送っています。バリエーション豊かな染料や顔料をふんだんに使うことができ、それがどんなものからどのように作られているかなど、考えることもありません。

しかし人類にとって、長らく色素とは極めて貴重なものでした。自然界に色彩は溢れていても、それを取り出して自在に使うことは基本的にできません。木の葉の色を抽出し、シャツを緑に染めることはできない相談です。色を取り出し、布などを染められる物質は染料と呼ばれますが、その種類は多くはありません。

人々はいろいろなところからこの貴重な染料を探し出し、利用してきています。たとえば古くから用いられてきた藍染は、アイの葉を発酵させて得られる染料であり、茜色はアカネという植物の根（文字通り赤い根）を煮出して得られたものです。

しかし、鮮やかに発色し、布地に定着しやすく、色あせもしにくい

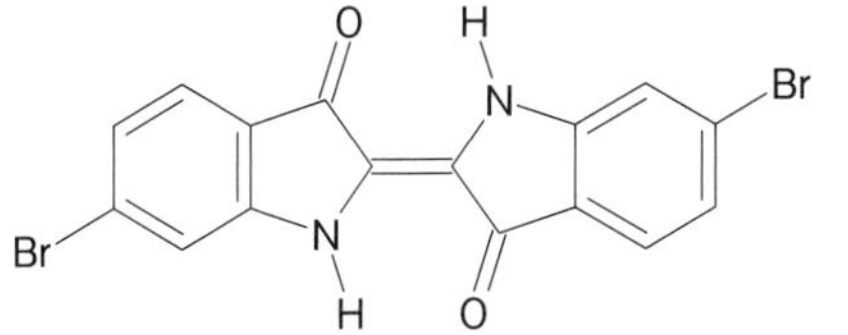

貝紫（チリアンパープル）の色素・6,6'-ジブロモインジゴ

染料は、そうあるものではありませんでした。このため人類は、優れた色素を得るために大変な苦労をしてきています。たとえばチリアンパープルと呼ばれる色は、フェニキア（現在のレバノン共和国付近）に棲む貝が出すわずかな分泌液を、日光に当てることで作っていました。しかし、1着の衣服を紫色に染めるためには1万7000個もの貝が必要であったといわれ、このため紫は王のみに許された色彩とされたほどでした。

ご覧の通りチリアンパープルは、藍色のインディゴに臭素（Br）が2つ加わっただけの構造です。植物の藍と軟体動物の貝という、全く別種の生物が似た化合物を作っていることも驚きですし、わずかな構造の違いが異なる色合いを生み出すこともまた不思議です。

16世紀にはスペインのエルナン・コルテスが、新大陸からコチニールという鮮やかな赤色染料を持ち帰ります。これはカイガラムシという昆虫が作り出す色素で、毛織物や絹を堅牢に染め上げたほか、絵の具や食品にも用いることができました。このためコチニールは金銀にも劣らぬ新大陸の至宝としてもてはやされ、スペインはその製法を厳

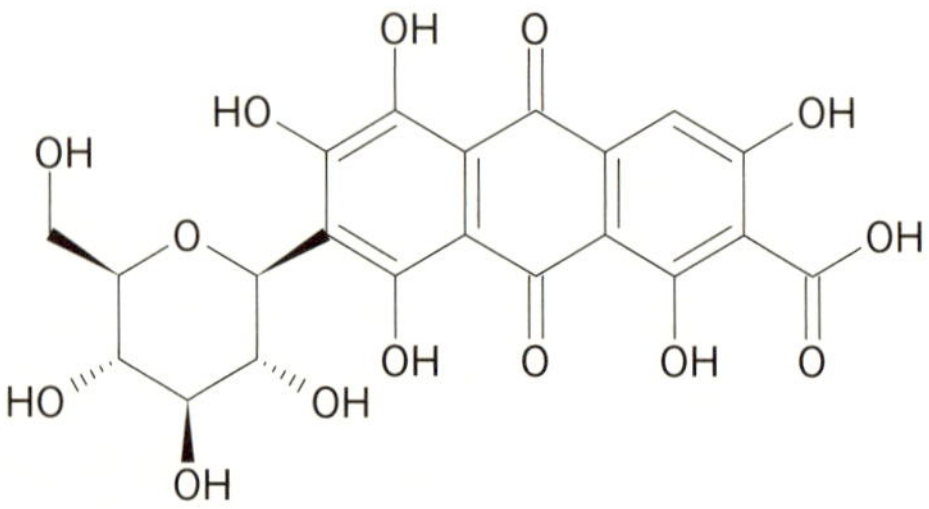

コチニール（カーマインレッド）の色素・カルミン酸

重に秘匿するほどでした。鮮やかな色素は、長らく多くの人のあこがれであり続けたのです。

合成染料の登場

この状況に変化が訪れたのは、19世紀も後半に入ってからのことです。当時、マラリアの特効薬であるキニーネは、南米原産のキナノキという植物から採れる、貴重な医薬でした。そこで当時、キニーネの人工合成に成功した者には、4000フランの賞金を与えるという懸賞がかけられていたのです。

ここで一攫千金を狙って立ち上がったのがイギリスのウィリアム・パーキンで、当時なんと18歳の少年化学者でした。しかしそのチャレンジ精神はよいものの、当時はまだ分子の概念すらはっきりしていない時代であり、複雑な骨格を持つキニーネの合成は、当時の化学者の手に負えるものではありませんでした（キニーネの完全な合成が達成されたのは21世紀に入ってからのことです）。

彼はアニリンの類縁体を酸化する実験をさまざま試していまし

COLUMN

モーヴェインの正体

化学工業の時代を切り拓いた歴史的な化合物であるモーヴェインですが、実はそれがどのような化合物であるのか、正しい構造はずっと確定していませんでした。1994年になり、大英博物館などに保存されていたモーヴェインのサンプルの詳しい分析がなされ、下のような化合物が主成分であることが判明しました。

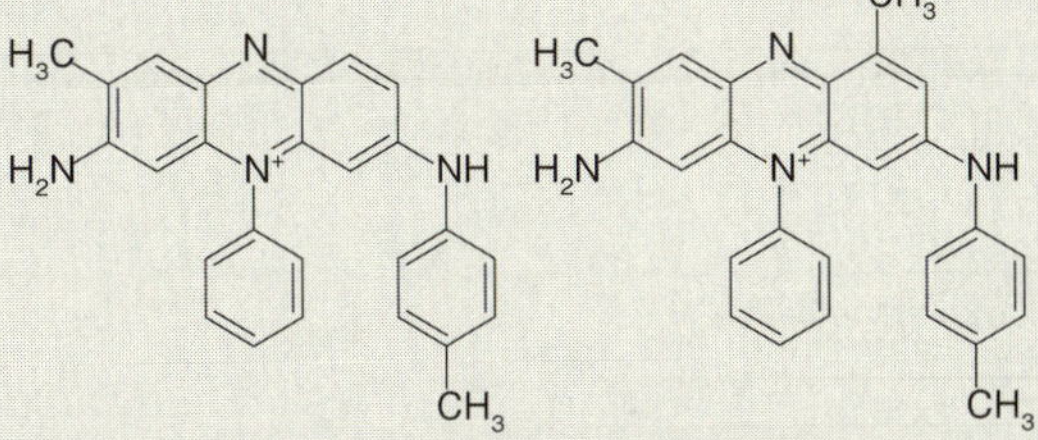

モーヴェインの主成分の構造

ご覧の通り、原料がアニリンであればあるはずのないメチル基（$-CH_3$）が、分子内にいくつか含まれています。これは、当時手に入ったアニリンの質が悪く、各種のトルイジンが不純物として含まれていたためです。純粋なアニリンを用いたのでは、これほど質のよい染料にはなっていなかったと考えられており、この面でもパーキンは幸運であったといえそうです。

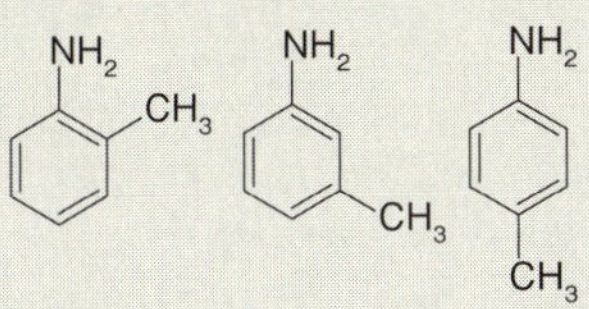

左からo-トルイジン、m-トルイジン、p-トルイジン

たが、黒いタールの山ができるだけでした。ある時パーキンが、フラスコの中のタールを洗い流そうとしたところ、洗液が美しい紫色をしていることに気づきました。試しにここに布を浸したところ、鮮やかな紫に染まり、色落ちもしませんでした。パーキンはこれを「モーヴェイン」と名付けて売り出し、大いに利益を上げました。

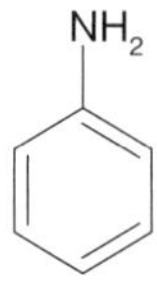

アニリン

これを見た他の化学者も、似たような手法で新たな染料を化学合成し、次々に化学会社が立ち上がったのです。現在まで続く欧米の化学会社や製薬企業は、この時に染料会社として出発したところが少なくありません。少年の無謀な実験は、多くの実りを生み出したのでした。現代では、多彩な色合いの染料が数え切れないほどに作り出され、我々の生活を彩っています。

共役系が生み出す色彩

上記の化合物はみな芳香環を含んでいますが、ベンゼンやアニリンなど無色の芳香族化合物もたくさんあります。もちろん、芳香族でない有機化合物や、無機化合物にも色がついているものはたくさんあります。では、色彩とは一体何であり、なぜ一部の化合物にだけ色がついて見えるのでしょうか。それを知るには、人間の目が色を感じ取る仕組みについて知る必要があります。

光は、電磁波の一種です。携帯電話やテレビの電波や、電子レンジのマイクロ波もまた、波長

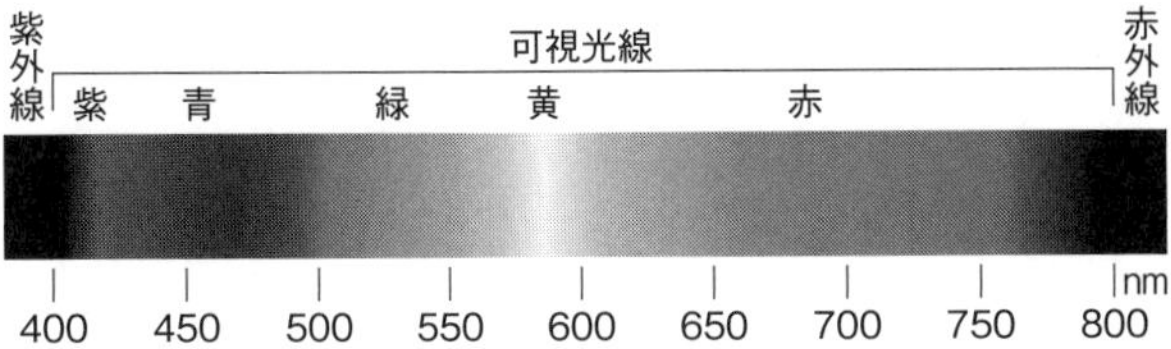

「可視光線と波長」

の異なる電磁波の一種です。光が電波やマイクロ波と同類といわれても実感としてピンときませんが、ともかく人間の目は波長が４００～８００nm付近の光を感知し、波長に応じて色を感じ取るのです。たとえば波長４５０nm付近の電磁波は青、５４０nm付近は緑、７００nm付近は赤色として感じられます。

色というものは、混ぜることもできます。絵の具の場合、正反対の色（補色）同士――たとえば赤と青緑――を混ぜ合わせると、灰色か黒になります。しかし光の場合はこれと異なり、補色の光を混ぜ合わせると白色光になるのです。太陽光線では、各色がバランスよく混じり合っているため、人間の目には白色の光線として感知されます。

我々がある物体を「見る」というのは、物体が反射した光が目に入り、これを検知しているということです。物体が可視光線の領域をまんべんなく跳ね返していれば、その物体は白く見えますし、全て吸収されれば真っ黒に見えます。しかし可視光のうち、特定の領域の波長を吸収してしまう物質だと、色がついて見えるということ

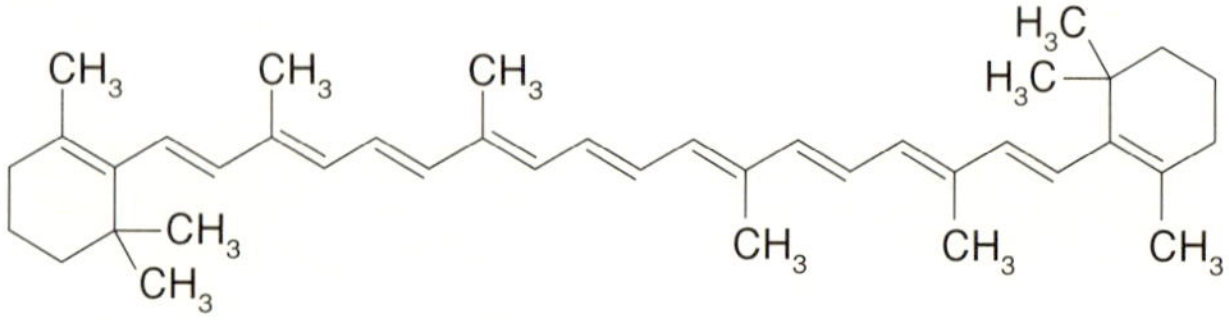

β-カロテン

になります。たとえば波長700nm付近の電磁波、すなわち赤色の光を吸収する物質の場合、人間の目には赤の補色である、青緑色が感知されます。

有機化合物は、ほとんどの場合無色です。エタンやエチレン、ベンゼンなどは、いずれも無色透明です。ただし、長く共役系がつながった化合物では、色がついて見えるものがあります。身近なところでは、ニンジンなどの色素であるβ-カロテンは、図のように単結合と二重結合の繰り返しが長くつながった構造で、オレンジ色に発色します。リンゴやイチゴ、ブルーベリーなどの色素であるアントシアニン類も、長い共役系を持ちます。

単結合と二重結合がたくさん並ぶと、なぜ色がつくのでしょうか。それは、これらの分子が特定の波長の光を吸収するからです。

分子には、その構造によっていくつか決まったエネルギーレベルの軌道があり、電子は特定の軌道に存在しています。その軌道のエネルギー差に相当する光が当たると、電子はそのエネルギーを吸収して高いエネルギーの軌道に飛び移ります。このような状態は、「励起状態」と呼ばれます。英語では「excited state」、つまり電子が興奮状態にあるという意味合いです（逆に最も安定な状態を「基底状態」と呼びます）。

二重結合ひとつだけのエチレンでは、波長180nmの電磁波を吸収することで、電子が励起状態に移動します。同じく二重結合が2つの1，3-ブタジエンでは、波長217nmの電磁波を吸収します。これらの波長は紫外線（10～400nm）領域に相当しています。目に見えない光を吸収していますから、これらの化合物は無色透明に見えます。

しかし、共役系が長くなっていくと、次第に基底状態から励起状態へのエネルギー差が小さくなってゆきます。なぜ小さくなるかを説明するには、量子力学をきちんと理解する必要がありますが、電子が広く動き回れるようになることで、飛び移る先の軌道のエネルギーレベルが下がるようなイメージです。十分に長い（あるいは広い）共役系を持ち、400～800nm付近の波長の光を吸収する化合物は、色がついて見えることになります。

たとえば11個の二重結合が共役したβ-カロテンは波長450nm、すなわち藍色の光を吸収するため、この化合物はその反対の色（補色）である赤橙色に見えます。また、先に挙げた色素類は、いずれも多数の芳香環が連結した広い共役系を持つため、比較的長い波長の光を吸収します。どのような構造だとどんな色になるか、完全な予測は難しいのですが、目的に合わせてさまざまな色素が合成され、身近で活躍しています。

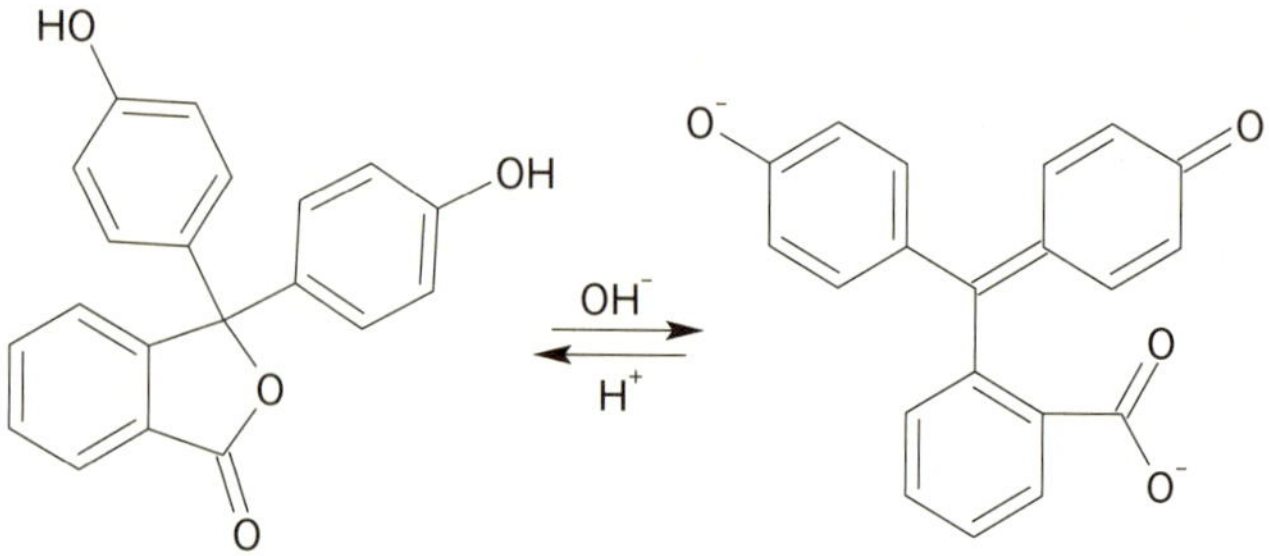

フェノールフタレイン

色が変わる化合物

さまざまな機能を持った色素も開発されています。熱、光、酸性度などによって色が変わる色素は、そのわかりやすい例でしょう。理科の時間に使った、フェノールフタレインはその一種です。酸性から中性では無色ですが、塩基性（アルカリ性）では赤紫色に変化するため、酸塩基指示薬として用いられます。

フェノールフタレインは、固体状態あるいは酸性水溶液中では上図左のような構造をしています。3つのベンゼン環を含みますが、これらは共役していないので可視光は吸収せず、無色で存在します。しかしアルカリ性では、5員環が開いて右のような構造になり、3つの環が共役系でつながります。このため、赤紫に色づいて見えるのです。

光で色が変わる分子

室内では透明のレンズなのに、直射日光の下では着色する眼

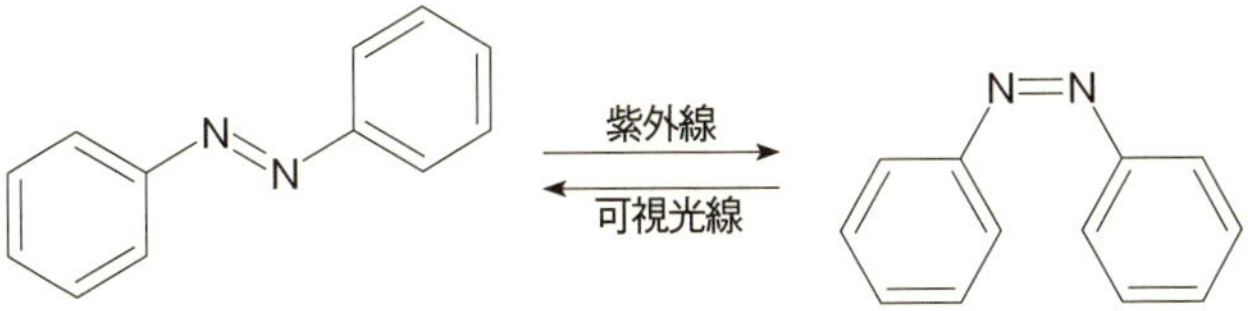

アゾベンゼンのトランス体（左）からシス体（右）への変化

鏡があります。これは、光を受けることで構造が変わる、特殊な化合物が用いられています。こうした、外部からの刺激によって物質の色が可逆的に変わる現象を「クロミズム」と呼びます。「可逆的」、すなわち元の色に戻るというところがポイントで、単純に色があせたり変色したりというのはクロミズムと呼びません。

光で色が変わるケースは、「フォトクロミズム」と呼ばれます。最もシンプルなのはアゾベンゼンという化合物の場合で、通常トランス型（図左）の構造をとっていますが、紫外線を当てるとシス型（図右）に変化し、同時に色も淡黄色から橙色へと変わります。シス型は比較的不安定であり、可視光線あるいは熱によって元のトランス型に戻ります。

こうしたアゾ基（-N=N-）を持った化合物には鮮やかな色を持つものが多く、合成染料の半分以上がこのアゾ基を含んでいます。歴史的には、史上初の実用的な合成抗菌薬となったサルファ剤誕生のきっかけともなりました。この経緯について

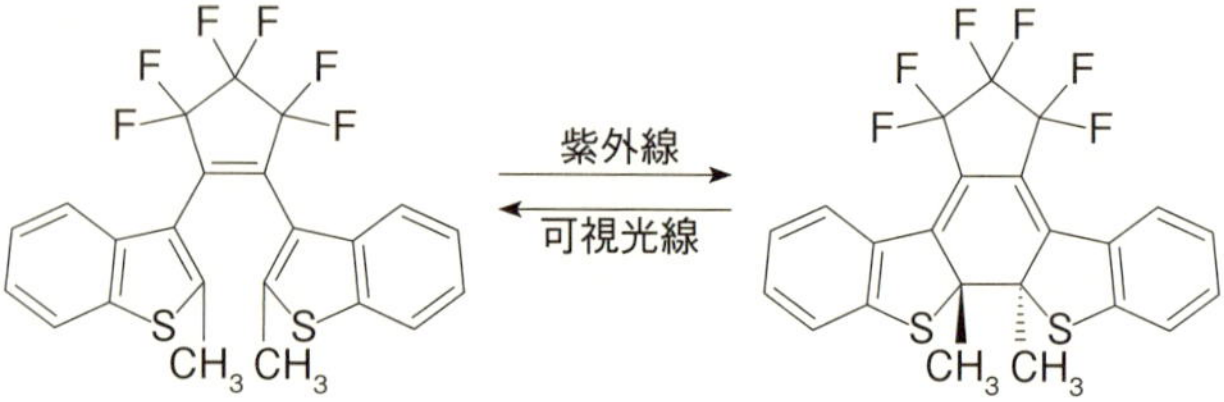

ジアリールエテンの構造変化

は、拙著『世界史を変えた薬』（講談社現代新書）をご覧下さい。

実用的に用いられるフォトクロミック材料としては、入江正浩・九州大学名誉教授が開発したジアリールエテンと呼ばれる化合物があります。これは、通常左（上の図）のような構造をしています。これは共役系がつながっているように見えますが、実際には混み合った構造のためにねじれた形をとり、共役系は切れています。

しかしここに紫外線を当てると構造が変化し、右のような骨格になります。これは新たにできた環によって骨格が固定されるため、全体が平面的になり、長くつながった共役系ができます。このため右の化合物は光を吸収し、色づいて見えるのです。

右の化合物は、一定の波長の可視光線を当てると元の構造に戻ってゆきます。これにより、何度でも繰り返し使える調光レンズができるわけです。こうした化合物にはいくつかのタイプが知られていますが、中でもジアリールエテン類は優秀で、繰り返し使っても分解しにくいなど、優れた性質を持っています。

その他にも、さまざまな要因で色を変える化合物が知られています。熱で色を変えるサーモクロミズム材料は、温かい飲み物を注ぐと色が変わるマグカップや、風呂に入れると色が変わるおもちゃなど、身近でも広く使われています。その他、電気や圧力、棒でこするなどの機械的刺激、有機物の蒸気など、さまざまな刺激で色を変える化合物が知られています。これらは、明るさを変えられる窓、爆薬などの探知、各種センサーなど、幅広い応用が考えられています。それらの分子設計、色の制御などはまだ研究の余地が多く残されており、そこには芳香族化合物に関する知識が大いに活躍するものと思われます。

第11章

光り輝く芳香族分子
有機エレクトロニクスの世界

神様の作り忘れた化合物

科学を学んでいると何度も痛感してしまうのが、生命の懐の深さです。人類がこれまで「発明」してきたものは、たいていの場合すでに生命による創造物の原理をまねたものです。分子レベルで見ても、これは全く新しい機能、全く新しい構造の分子と思われたのに、後から自然界に類例が見つかってきたというケースはたくさんあります。

ただし、どうやら生命の世界に類例が少ないのが、電気エネルギーに関する化合物のようです。現代の人類は、電気の流れを光エネルギーに変えたり、その逆に光を受けて電気を起こしたり、得られた電気を必要な場所へ送ったりということを、自在に行なっています。しかし生物の世界では、電気エネルギーはどうやら十分には活用されておらず、その利用者はデンキウナギなどごく一部の生物にとどまるようです。

これはなぜなのでしょうか。生命を作り出し、支える物質は、ほとんどが有機化合物です。これらは、基本的に電気とは相性が悪い物質群です。身の回りの砂糖や脂質、ポリエチレンなどの有機化合物は、いずれも電気を通しもしなければ発電もできません。

電気エネルギーと相性がよいのは、鉄や銅などの金属や、ケイ素などの半金属元素です。電子のはたらきを活用する技術——いわゆるエレクトロニクス分野は、これらの無機物質を活用することで進歩してきました。家電製品などの主要部分は全て金属製であり、我々はそれを当然のことと思っています。

しかし人類は、この壁を打ち破りました。近年、炭素を主体とする化合物によるエレクトロニクス、すなわち有機エレクトロニクスが長足の進歩を遂げているのです。有機エレクトロニクスを基礎とした製品は、すでにいろいろなところで実用化され、我々の暮らしを変えつつあります。

有機物の可能性

エレクトロニクスの発展を支えてきた金属や無機材料を、わざわざ有機化合物に置き換える意義は何でしょうか。ひとつには、硬く変形しにくい金属やシリコンと異なり、小さな分子から成り立つ有機化合物は、薄く軽く、柔軟に成形できるという点です。携帯電話やウェアラブルデバイスの製造には、これほどありがたい特長はありません。

またこれまで見てきた通り、有機化合物は骨格を変えたり、各種の元素を付け加えたりすることで、さまざまに性質をファインチューニングすることが可能です。このあたりは、構造にバリエーションを持たせにくい無機化合物には、なかなかまねのできないところです。もうひとつ、無機材料では、入手の難しいレアメタルや、毒性のある元素が機能に不可欠なケースがあります。炭素骨格を持つ有機化合物なら、これらの難点をクリア可能です。

これまでにも、ガラスや陶器はプラスチックに取って代わられ、鉱物を主体とした顔料は合成有機染料にその座を譲りました。これはまさに、ファインチューニングや細かなデザインが可能である、有機化合物の強みが発揮された結果です。となれば、エレクトロニクス分野でも有機化合物の活用が進むことは、全く不思議な事ではありません。

ただし、先程から述べている通り、我々がよく知る有機化合物は電気を全く通しません。たとえば砂糖（化学名スクロース）やポリエチレンは、分子を構成する結合が全て単結合です。単結合では、全ての電子が原子間の結合に余すところなく使われており、電子伝達に用いる余地がありません。もし無理に電子を動員したら、原子間の結合が切れて分子そのものが崩壊します。

また、全体が一様に広くつながっている金属では、内部を電子が伝わっていくのも容易です。しかし、分子という小さな粒子の集まりである有機化合物は、電荷が分子から分子へと飛び移らねばならず、この点で基本的に不利です。有機物は電気とは縁がないと思われていたのも、当然といえるでしょう。

有機エレクトロニクスのあけぼの

これらの難点をクリアしうるのが、芳香族化合物です。芳香族化合物は、「余り物」のπ電子をたっぷりと持っているため、これらを受け渡すことで電気を伝えることができます。また、平面的な構造であるため、分子同士が近距離でぴったり重なりやすく、電荷の伝達に有利です。

その最たる例はグラファイト（黒鉛）です。グラファイトは、芳香環がどこまでも広くつながった平面が、何層も重なった構造をしています。芳香環上では電子が特定の原子に縛られず、環内を広く動き回れますので、グラファイトの層内では自由に電子が移動することができ、結果としてよく電気を通します。また、層から層への間でも、電子がある程度移動可能です。

しかし、これは実質無限に共役系が広がったグラファイトの場合です。分子という単位に小さく分かれている有機化合物の場合には、こうしたことは起きないと思われていました。この固定観念を打ち破ったのは、赤松秀雄、井口洋夫、松永義夫らのグループ（当時東京大学）でした。1954年、彼らはペリレンという多環式芳香族炭化水素に臭素を作用させると、10～100S／cmという高い電気伝導率を示すことを発見したのです。単純な有機物の結晶に少し手を加えるだけで、ゲルマニウムなどの半金属元素なみの伝導度を示すようになるというのですから、そのインパクトは絶大でした。

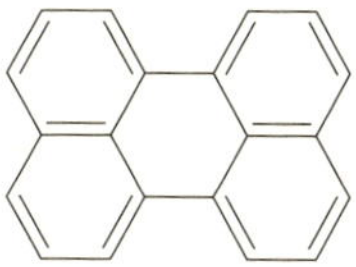

ペリレン

この論文は、世界最高の権威を誇る『ネイチャー』誌に掲載されます。まだ戦争の痛手から立ち直りきれておらず、試薬や装置も十分に揃わなかった当時の日本で、これは大きな快挙でした。この論文が、現在隆盛を極める有機エレクトロニクスの記念すべき第一歩であったことを思えば、赤松らはノーベル賞の対象になってもよかったのではと思えます。

ペリレンが電気を通すようになった理由は、臭素によって電子を引き抜かれたからです。広い共役系を持つペリレンは、臭素によって電子を奪われて陽イオンになりやすい傾向を持ちます。電子を奪われたペリレンは、隣のペリレン分子から電子を引き抜き、そのペリレンの陽イオンは……という要領で、次々に電子をバケツリレーのように受け渡していくのです。

最初から全員が両手にバケツを持っていたら、受け渡しができませんので、何人かがバケツを手放す必要があります。このバケツを手放させるため、臭素を添加するのです（これを「ドーピング」と呼びます）。

電子を与え、プラスに帯電した状態を、「電子が抜けた穴ぼこ」という意味で「ホール」と呼んでいます。電気が陽極から陰極へ流れてゆくということは、陰極から陽極へ向けてホールが流れてゆくとみなすこともできます。

通常の有機分子は、過不足なく電子を持っており、本来そのままで安定です。ここに電気を通すには、安定なはずの分子が余分に電子を抱え持ったり、電子を他に与えたりといったことをしなければなりません。多くの化合物では、こうした状態は酸素などの攻撃を受けやすくなり、分

COLUMN

導体・半導体・絶縁体

よく電気を通す物質を導体、電気を通さない物質を絶縁体、その中間のものを半導体と呼びます。といってもはっきり3つに分けられるわけではなく、電気抵抗率という値の大小によって分けられています。電気抵抗率がだいたい10^{-6}Ωm以下のものを導体、10^{6}Ωm以上のものを絶縁体、その中間的な性質を持つものを半導体と呼んでいます。

ただし半導体は、他の元素を少量加える（ドーピング）操作などにより、さまざまに電気抵抗を変化させることができ、このことが電子の流れを制御するために役立ちます。代表的な半導体はケイ素やゲルマニウムなどがよく知られています。また、窒化ガリウムやIGZO（インジウム・ガリウム・亜鉛・酸素から成る化合物）のように、数種の元素から成るものは「化合物半導体」と呼ばれ、発光ダイオード（LED）や液晶ディスプレイなどに広く応用されています。

有機化合物による半導体も多数研究されており、ベンゼン環が5つ直線的につながったペンタセンは中でもよく知られるものです。ケイ素などの硬い結晶と異なり、有機半導体は柔らかく、簡便に成形できますので、新しいデバイスへの応用が期待されています。

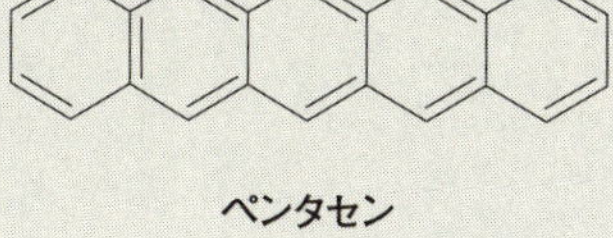

ペンタセン

子そのものが破壊される要因になります。実際、後述する有機ＥＬ材料では、水や酸素によって発光分子が破壊されてしまうため、製品の寿命が短いことが大きな問題です。

安定に電子を受け渡しするためには、ある程度広い（長い）共役系を持ち、電子あるいはホールを分子全体に拡散させて受け持つことが必要になります。５つの芳香環がつながったペリレンの利用は、その工夫の第一歩でした。この後、置換基を加えたり、環内にヘテロ原子を組み込んだりして、より電子の受け渡しが容易な化合物が開発されてゆきます。

名コンビここにあり

もともと縁もゆかりもなかった二人が出会い、意気投合して互いの力を引き出しながら成長し、成功を摑み取る――これは、サクセスストーリーのひとつの典型でしょう。実は分子の世界にも、単独ではそれほどのものではないのに、２つが組み合わさることで素晴らしい機能を生み出すものがあります。有機エレクトロニクス分野で、ペリレン‐臭素系に続くブレイクスルーとなった、ＴＴＦとＴＣＮＱはその例といえるでしょう。

ＴＣＮＱはテトラシアノキノジメタンの略で、図のように6員環を挟んで4つのシアノ基が結合しています。もともとはプラスチックの原料を目指して合成されたものですが、この研究は残念ながらうまく行きませんでした。

TCNQ

TCNQが２電子を受け取り、陰イオン（右）になる

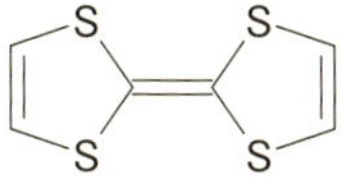

テトラチアフルバレン（TTF）

　しかしこの研究過程で、ＴＣＮＱは優れた電子受容体（アクセプター）であることが判明します。シアノ基は電子を強く引き込む力があるため、シアノ基に挟まれた炭素原子に電子が結合して陰イオンになっても、この電荷を分散安定化することができるのです。

　一方、ＴＣＮＱの相棒となる化合物は、１９７０年に産声を上げます。イオウ原子を2つ含んだ5員環が2つつながった、テトラチアフルバレン（ＴＴＦ）という化合物がそれです。

　先ほど、イオウなどのヘテロ原子は、電子を2つ環に提供することができると述べました（93ページ参照）。ＴＴＦの環はイオウ2つと炭素3つから成っていますから、

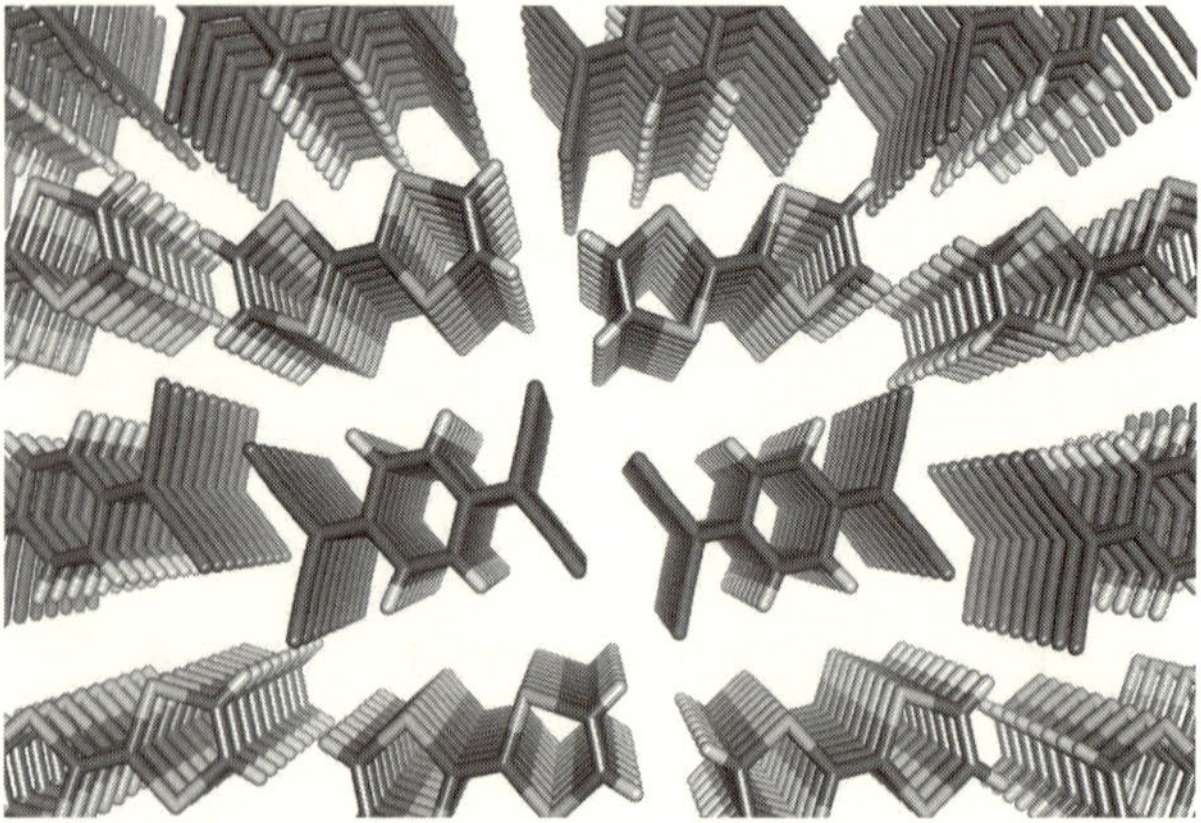

TTF-TCNQの結晶構造。それぞれの分子が柱状に積み重なっている

全体としてπ電子7つということになり、芳香環を作るには定員オーバーです。

通常、化合物は電子を持ち去られると不安定になり、壊れてしまうこともあります。しかし、TTFの場合は電子を引き抜かれても、6π電子系となるのでかなり安定に存在できます。このように、電子を他の分子に与えることができる化合物を「電子供与体」（ドナー）と呼んでいます。

では、このアクセプターとドナーを一緒にすると、何が起こるでしょうか。電子供与能、電子受容能が十分に高ければ、当然ながら、ドナーからアクセプターへ電子が移動するはずです。TTFとTCNQを1：1で混合した結晶でも、前者から後者へ電子が受け渡されます。このため、こうした物質を「電荷移動錯体」と呼びます。

ＴＴＦ－ＴＣＮＱの結晶では、ＴＴＦ分子だけ、ＴＣＮＱ分子だけがずらりと積み重なって柱のようになっており、これが交互に並んで詰まった構造になっています。ここに電圧がかかると、電子を渡してしまったＴＴＦ分子は、隣にあるＴＴＦ分子から電子を受け取り、その分子はその隣から……と、例のバケツリレーを始めるのです（ＴＣＮＱも同様）。このため、ＴＴＦ－ＴＣＮＱは有機化合物でありながら、極めて高い電気伝導性（数百$S\,cm^{-1}$）を示すのです。

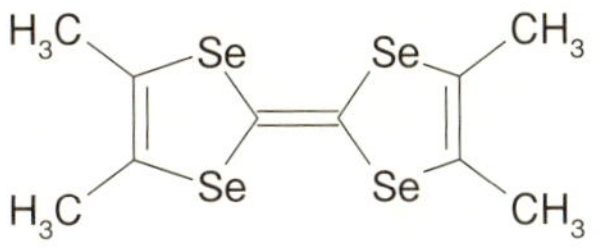

TMTSF

ＴＴＦのドナーとしての優秀さは世界の研究者の注目を集め、多くのバリエーションが作り出されました。たとえば、イオウ原子をセレンに変え、メチル基を４つつけたＴＭＴＳＦという化合物の塩は、有機化合物として世界初の超電導物質となりました。ＴＴＦ－ＴＣＮＱ周辺の研究は、現在に至るまでホットな領域であり続けています。

導電性高分子の誕生

こうして、電気を通す有機化合物というコンセプトは確立しましたが、まだ実際に身の回りで使えるようなものではありませんでした。これを大きく実用化に近づけたのが、導電性高分子と呼ばれるものです。

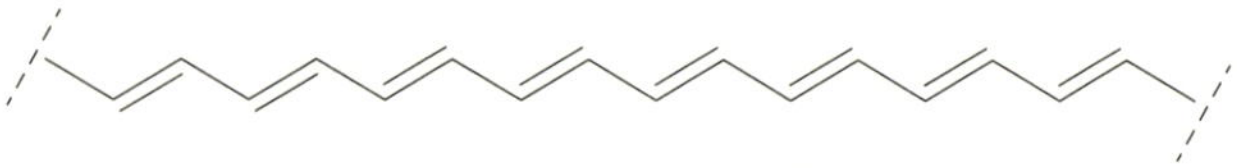

ポリアセチレンの構造

高分子とは数千、数万という原子が長くつながったもので、プラスチックはその代表的なものです。ポリエチレンなどの多くのプラスチックは、全体が単結合でできているため、電子の受け渡しは不可能です。ただし、全体がつながった共役系でできている高分子なら、可能性が出てきます。

これを実現したのが白川英樹・筑波大学名誉教授です。氏が研究の対象にしたのは、ポリアセチレンと呼ばれる高分子でした。図のように、単結合と二重結合が交互に並んだ、共役系高分子としては最も単純なつくりのものです。

ポリアセチレン自体は白川博士が発見したものではなく、すでに1950年代には合成が報告されていました。しかし当時のポリアセチレンは真っ黒な粉末としてしか得られておらず、電気的性質を調べることもできなかったので、科学者たちの興味を引くには至っていませんでした。

1967年の秋、当時東工大の助手であった白川博士のもとに、一人の留学生から「ポリアセチレンの合成をしてみたい」と申し出がありました。ポリアセチレンは触媒を溶かした液にアセチレンガスを吹き込み、溶液中で重合させて合成します。白川博士は報告されていた方法を紙に書いて渡し、実験を行なわせてみました。ところが、できたものは予期された黒い粉末ではなく、ラップのようにしなやかな銀色のフィルムでした。

原因は、彼が単位のm（ミリ）を見落とし、必要な量の1000倍もの触媒を加えていたことでした。このため普通は溶液の中でゆっくり進む反応が溶液の表面で一気に起こり、薄い膜が出来上がったのでした。

粉末と異なり、フィルム状態の高分子ならいろいろな試験が可能になります。こうして一気にポリアセチレン研究は加速していきました。そして1976年、転機が訪れます。東工大を訪れたアラン・マクダイアミッド教授が、この金属光沢のあるフィルムを見て驚愕し（銀色であるというのは、金属に近い性質を反映しています）、すぐさま米国での共同研究を申し出たのです。

白川博士はここで、ポリアセチレンに対して臭素をドーピングするというアイディアを試してみました。すると導電性が急上昇し、数十$\mathrm{S\,cm^{-1}}$という数値を示したのです。後に実験法の改良により、この数値は数十万$\mathrm{S\,cm^{-1}}$、すなわち多くの金属と肩を並べるレベルにまで到達しました。

臭素をドーピングする意味合いはもう説明するまでもないと思いますが、要するに共役系から一部の電子を奪い取ることにより、電子のバケツリレーを行なえるようにしたということです。白川博士は偶然の発見に努力と工夫、経験と知識を加え、巨大なブレイクスルーを生み出してみせたのです。

ポリアセチレンは空気中で酸化を受けやすいなど難点もあるため、安定性の高い芳香族ポリマ

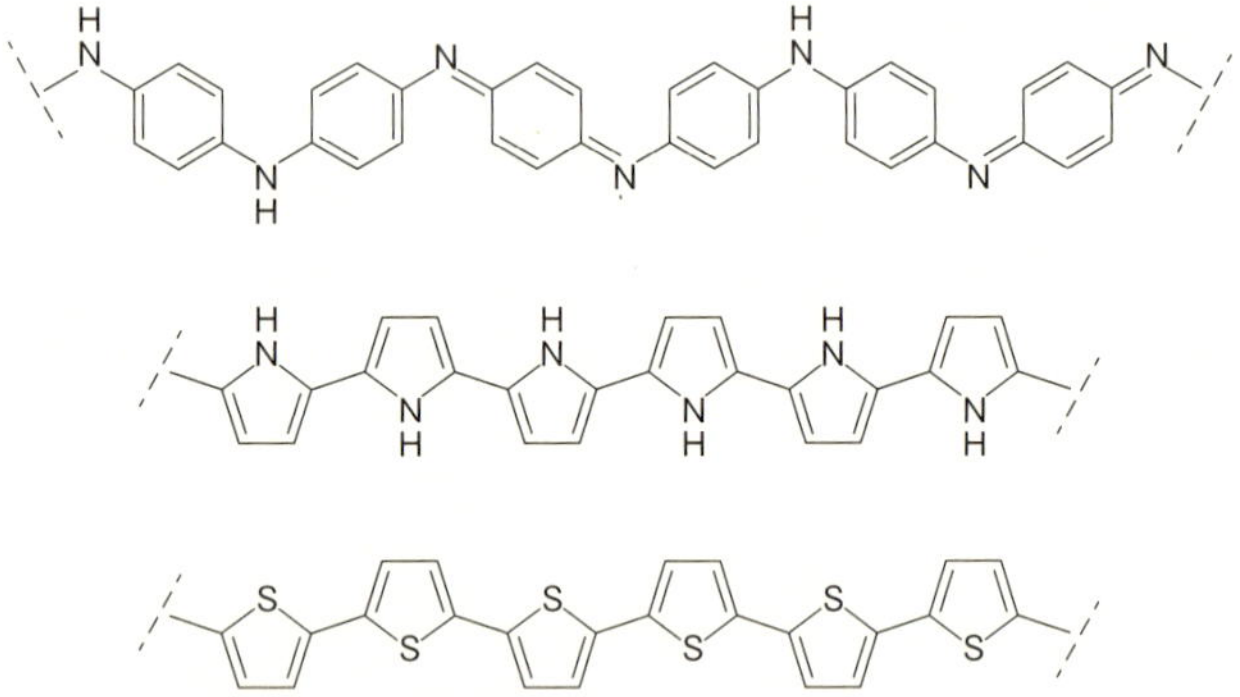

上からポリアニリン、ポリピロール、ポリチオフェン

ーの開発が進みました。たとえばポリアニリン、ポリピロール、ポリチオフェンなどが合成され、リチウムイオン電池の電極や、タッチパネルの素材などとして実用化されています。導電性高分子の存在なくして、現代を代表する商品であるスマートフォンやタブレットはありえないわけです。こうした導電性高分子の生みの親である、白川英樹、アラン・マクダイアミッド、アラン・ヒーガーの三氏が、２０００年のノーベル化学賞に輝いたのも当然といえるでしょう。

「光あれ」

聖書の創世記によれば、神が世界を創造するにあたって、最初に作ったのは光であったとされます。このことは、なかなか象徴的であると思えます。人間は、他の全てが満たされていたとしても、光が全くなければ何一つ事を成すことはできません。もののけや肉食獣に怯え、暗闇を恐れた昔の人類にしてみれば、光こそは何よりも必要なものだったでしょう。

焚き火、たいまつ、ろうそくなど、長らく人類は火の光によって、夜の闇をやり過ごしてきました。そして1879年、トーマス・エジソンによる白熱電球の実用化により、安全で安定した光が供給されるようになります。その後も蛍光灯や発光ダイオード（LED）などなど、光に関するイノベーションは現在も相次いでいます。

これらの光は、結局のところ何なのでしょうか？　たとえば花火の色とりどりの光は、よく知られているように炎色反応によるものです。これは、熱によって金属原子の電子が、最もエネルギーが低い軌道から、ひとつ高い軌道に飛び移り（励起状態）、これが元の基底状態に戻る際に発する光です。励起状態と基底状態のエネルギー差に応じた波長の光が放出されますので、これが炎の色として目に見えるわけです。

この、励起状態の電子が基底状態に移る時に出る光を、我々はいろいろなところで見ています。たとえばホタルの光は、化学反応によって生じた励起状態の分子が、基底状態に変化する際に出る光です。

蛍光とは

カラオケボックスなどに行った際、ブラックライト（紫外線を主体としたライト）によって着ていこれを見てもわかる通り、チオフェンは安定で分解しにくく扱いやすい利点があります。また、電子を供与しても安定でいられるため、電気を伝えるという機能を引き出すにはぴったりです。また、合成法も多数開発されており、さまざまな誘導体が比較的短工程で作れるのも重要です。

2006年には、チオフェンを８つ環状につないだ、花のような美しい化合物が合成されました。これは、Sulfur（イオウ）+Flower（花）で、「サルフラワー」と名付けられています。これも有機半導体としてはたらくことがわかっていますが、そうしたことを抜きにして鑑賞に値する構造といえるでしょう。これは炭素とイオウのみから成る、珍しい化合物のひとつでもあります。

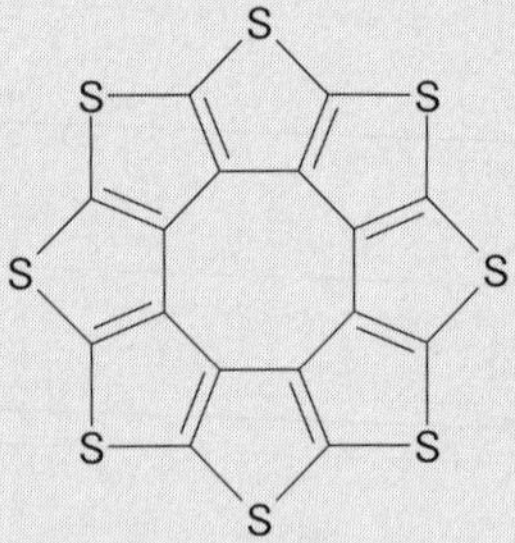

サルフラワー

最近では、サルフラワーのイオウ原子を他の元素に置き換えたものなど、さまざまな誘導体も盛んに合成されています。分子のデザイン次第で機能を盛り込むことができ、時に予想を超えた機能が出現するのが、こうした研究の醍醐味でしょう。こうした中から、必ずや未来の暮らしを支える物質が生まれてくるはずです。

COLUMN

チオフェンはスタープレイヤー

チオフェンが長くつながった「ポリチオフェン」という分子が出てきました。実はチオフェンは、有機エレクトロニクス分野においていろいろな形で活躍する、スタープレイヤーといえる分子です。

たとえば、チオフェンが一列に長く結合したオリゴチオフェン類は、有機ELや有機薄膜太陽電池などに広く活用されています。これらは、置換基を導入することにより、細かく電気的性質を調整することが可能です。

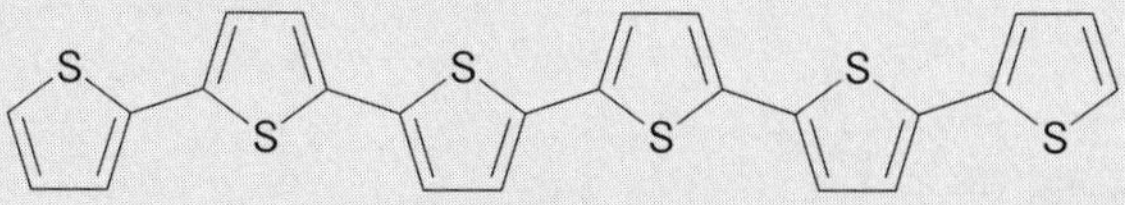

オリゴチオフェン類の一種、セキシチオフェン

ベンゼン環が一列に長く縮環したペンタセンなどのアセン類は、半導体としてはたらくため、有機エレクトロニクス分野で広く用いられてきました。しかし、これらは安定性が低く、ベンゼン環6つのヘキサセンあたりからは不安定で取り扱いが難しくなります。そこで、ベンゼン環の一部をチオフェンに置き換えた、BTBTやDNTTなどの化合物が活用されるようになっています。

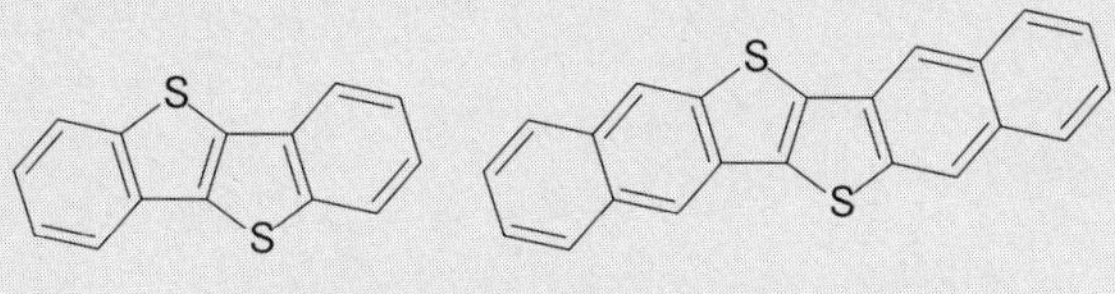

BTBT（左）とDNTT（右）

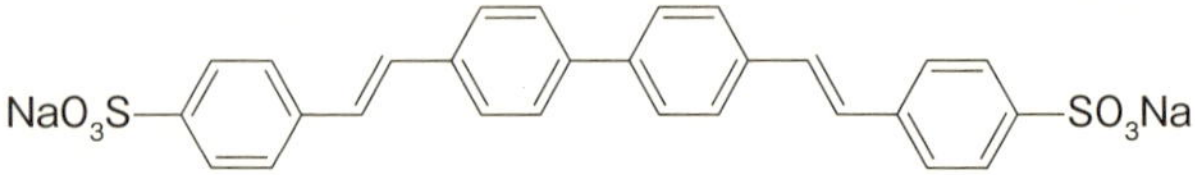

蛍光増白剤の一種

る衣服が青白く光って見えるという経験をした方は多いと思います。これは洗剤に含まれている、蛍光増白剤のしわざです。蛍光増白剤は紫外線を吸収して励起状態となり、これが戻る際に差分のエネルギーを波長400～450nmの光として放出します。これは青紫色の光に相当しますので、補色である衣服の黄ばみの色と相まって白色の光として目に入り、衣服を実際よりも白く見せるのです。

紫外線を吸収して励起状態になり、それが元の基底状態に戻るなら、同じ紫外線を放出しそうなものだと思えますが、こうはなりません。励起状態にある分子は熱などの形でエネルギーを失うため、放出される光は元の紫外線よりエネルギーが低下した状態、すなわち波長がより長い光へ変換されてしまうのです。

このように、ある物質が電磁波（紫外線、可視光線など）を吸収して励起状態となり、それが基底状態に戻る時に発する光を「蛍光」と呼んでいます。蛍光を発する物質は無機化合物・有機化合物を問わずたくさん知られており、身近でも活用されています。蛍光灯は、放電によって発生した紫外線を、蛍光物質によって可視光に変換しています。また白色LEDは、青色LEDと蛍光物質を組み合わせることで、白色光を実現しています。我々の暮らしは、蛍光によって照らされているといっても過言ではないのです。

ややこしいのですが、ホタルの光は正確な意味での蛍光ではありません。ホタルルシフェリンという化合物が酵素の力で分解され、できた励起状態の分子が基底状態に戻る時の光です。このような形式は化学発光と呼ばれます。

次世代の光・有機ＥＬ

紫外線などを蛍光物質によって可視光に変換する蛍光灯は、必ずしも効率のよい方法ではありません。消費エネルギーのうち光に変換される割合は、白熱電球（10％前後）に比べればだいぶ高いものの、せいぜい20％にとどまります。

そこで、電気エネルギーを使って直接に励起状態の分子を作り出してやれば、さらに効率の良い光源になりうると考えられます。これが、現在注目を集めている有機エレクトロルミネッセンス（有機ＥＬ）です。

有機ＥＬを最初に開発したのは、コダック社に籍を置いていた鄧青雲博士でした。ただし、氏が最初に作った有機ＥＬは、数分間光っただけですぐ消えてしまうというものであったため、会社命令で研究は中断となりました。鄧博士は「ではせめて論文だけ書かせてくれ」と食い下が

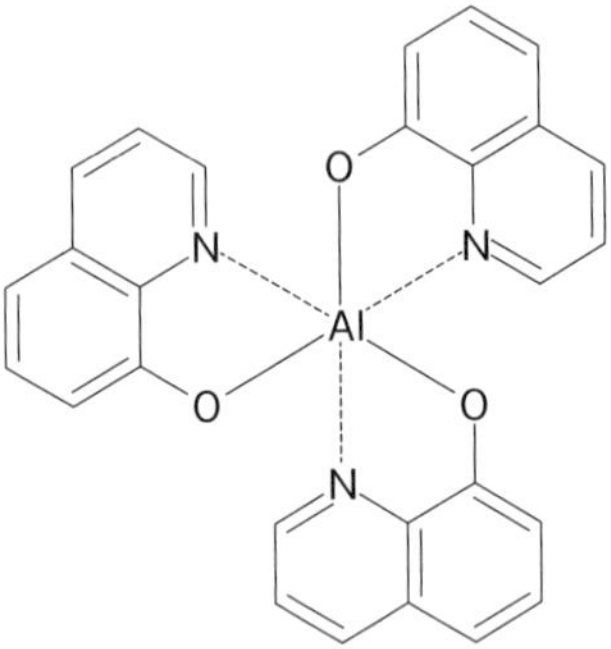

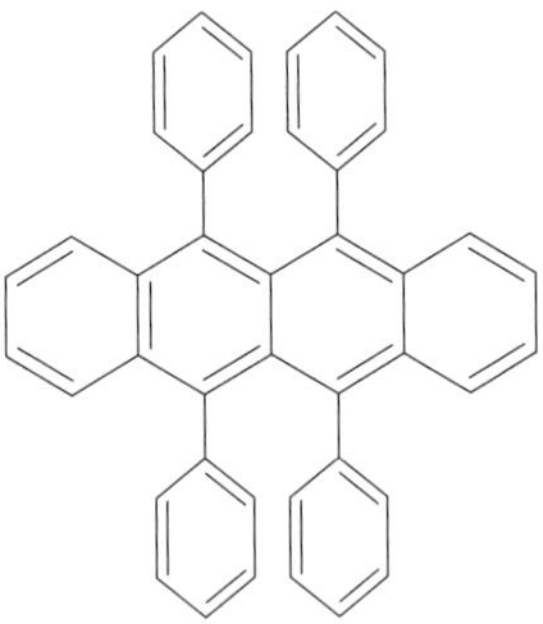

発光層としてよく用いられる化合物。Alq_3（左）、ルブレン（右）

り、このおかげで有機ＥＬは世に知られることとなったのです。

有機ＥＬの基本的な原理はＬＥＤとほぼ同様であり、このため海外ではorganic light emitting diode（有機ＬＥＤ、ＯＬＥＤ）と呼ばれるケースが多いようです。シンプルに有機ＥＬの原理だけを示せば、上から順に陰極、電子輸送層、発光層、ホール輸送層、陽極という多層構造になっています。このうち真ん中の３層に有機化合物が用いられます。また実際には、電子輸送層が発光層を兼ねる場合がほとんどです。

電子輸送層（兼発光層）の化合物は、電子不足の化合物が、ホール輸送層の化合物には電子豊富な化合物が用いられます。電圧をかけるとホールと電子が発生し、真ん中の発光層で両者が出会います。すると、このエネルギーによって発光分子が励起状態になり、これが基底状態へと戻る際に、差分のエネルギーを光の形で放出します。これが、

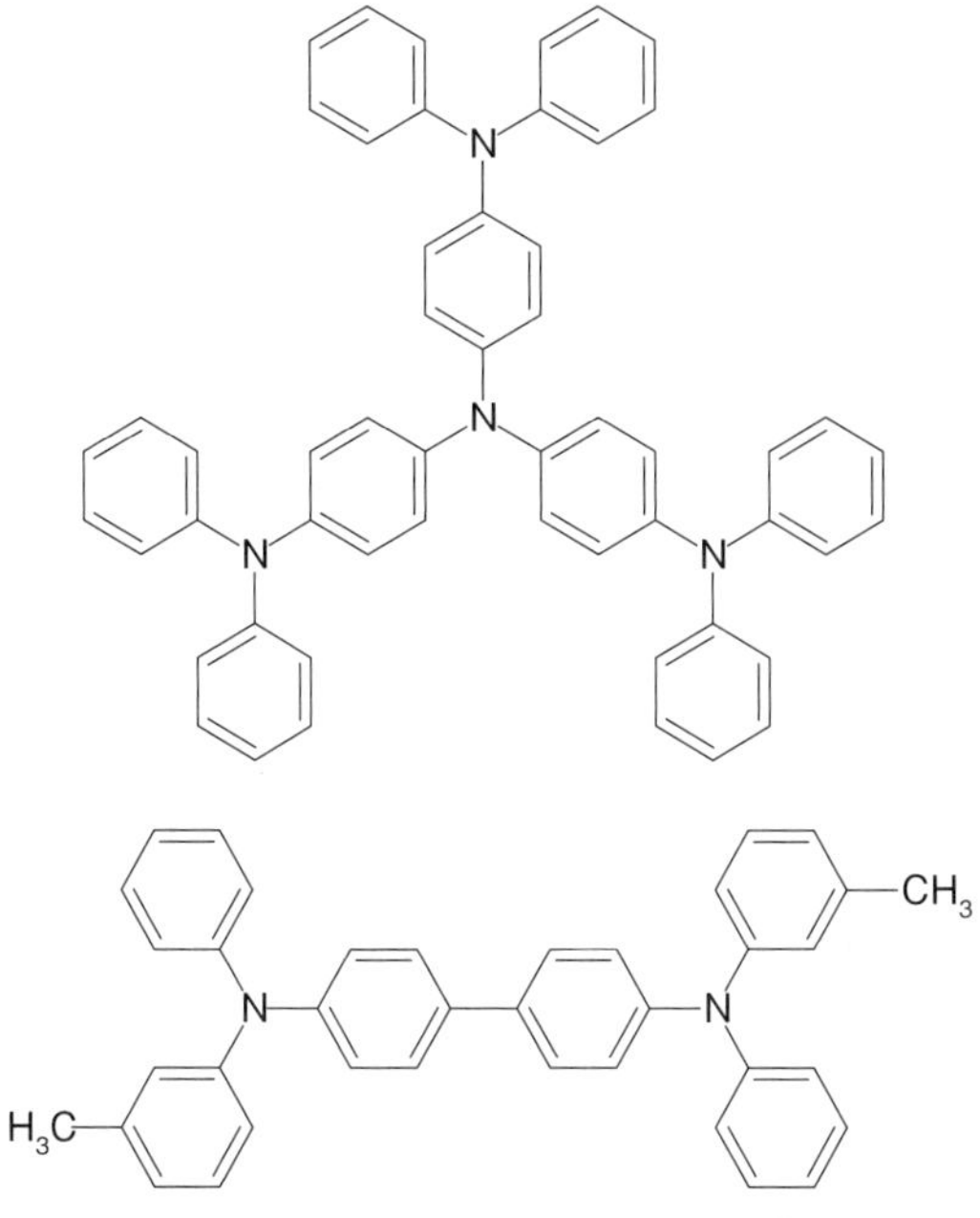

ホール輸送層としてよく用いられる化合物。TDATA（上）、TPD（下）

有機ＥＬの発光の原理です。

　このように有機ＥＬは、極めて薄い層を塗り重ね、電圧をかけるだけで明るく発光します。現在普及している液晶ディスプレイは、ＬＥＤなどによるバックライトの光を遮ることで画像を表現しています。これに比べて有機ＥＬは、薄く、軽く、曲げることさえ可能ですし、鮮やかでムラのない高画質が実現できます。構造も簡単ですし、消費電力もずっと抑えられます。

　これだけのメリットがありますから、有機ＥＬは20世紀末からずっと次世代ディスプレイの本命と言われ続けてきましたが、なかなか実用化には至りませんでした。これはやはり、電子を受けとり、あるいは渡した状態の化合物が不安定であり、水や空気によって分解してしまうのが大きな要因です。これを防ぐための化合物の構造の工夫、また空気や湿気の侵入を防ぐ技術などの進展があり、有機ELは発見以来30年を経てようやく広く用いられるようになってきました。昨今ではスマートフォンのディスプレイなどにも採用され、その美しさを見せつけています。

このように、有機エレクトロニクス材料の研究は日進月歩で進んでおり、我々の身の回りでも活躍の場を広げつつあります。とはいえ、何度か述べているように空気や湿気に弱いものが多いという欠点は残ります。また、分子から分子へ電子が飛び移っていくものであるため、ケイ素半導体などに比べれば動作が遅いというのも、有機物の欠点です。これらをいかに解消していくかが、今後の課題となりそうです。こうした問題の解決も含め、芳香族の化学こそは、有機エレクトロニクス発展のための鍵となっていくことでしょう。

本書は、新学術領域研究（研究領域提案型）「π造形科学――電子と構造のダイナミズム制御による新機能創出――」（領域番号：26102001、研究代表者：福島孝典 東京工業大学科学技術創成研究院 教授）に、著者が広報担当として関わったことから生まれました。先端的な研究が行なわれる過程を、ごく間近で見られたことは実に得難い経験でした。ご協力いただいた先生方に感謝を申し上げると同時に、さらに素晴らしい研究がここから生まれてくることを、心より期待するものです。

参考文献

『化学の建築家ケクレ：ベンゼンいまむかし』クラウス・ハフナー原著／中辻慎一訳著、内田老鶴圃
『芳香族性』吉田善一・大沢映二著、化学同人
『ヘテロ環の化学：基礎と応用』John A. Joule, Keith Mills著／中川昌子・有澤光弘訳、東京化学同人
『未来材料を創出するπ電子系の科学：新しい合成・構造・機能化に向けて』日本化学会編、化学同人
『マテリアルサイエンス有機化学』伊与田正彦ほか著、東京化学同人

ま行

や・ら・わ行

た行

な行

は行

さくいん

記号

数字・アルファベット

あ行

N.D.C.437　236p　18cm

ブルーバックス　B-2080

すごい分子《ぶんし》
世界は六角形でできている

2019年1月20日　第1刷発行

著者　佐藤健太郎《さとうけんたろう》
発行者　渡瀬昌彦
発行所　株式会社講談社
〒112-8001　東京都文京区音羽2-12-21
電話　出版　03-5395-3524
販売　03-5395-4415
業務　03-5395-3615
印刷所　(本文印刷) 株式会社新藤慶昌堂
(カバー表紙印刷) 信毎書籍印刷株式会社
本文データ制作　ブルーバックス
製本所　株式会社国宝社

定価はカバーに表示してあります。

ISBN978－4－06－514214－1

発刊のことば

科学をあなたのポケットに

二十世紀最大の特色は、それが科学時代であるということです。科学は日に日に進歩を続け、止まるところを知りません。ひと昔前の夢物語もどんどん現実化しており、今やわれわれの生活のすべてが、科学によってゆり動かされているといっても過言ではないでしょう。

そのような背景を考えれば、学者や学生はもちろん、産業人も、セールスマンも、ジャーナリストも、家庭の主婦も、みんなが科学を知らなければ、時代の流れに逆らうことになるでしょう。

ブルーバックス発刊の意義と必然性はそこにあります。このシリーズは、読む人に科学的に物を考える習慣と、科学的に物を見る目を養っていただくことを最大の目標にしています。そのためには、単に原理や法則の解説に終始するのではなくて、政治や経済など、社会科学や人文科学にも関連させて、広い視野から問題を追究していきます。科学はむずかしいという先入観を改める表現と構成、それも類書にないブルーバックスの特色であると信じます。

一九六三年九月　　野間省一

ブルーバックス　化学関係書

ブルーバックス12cm CD-ROM付

ブルーバックス　事典・辞典・図鑑関係書